PARALLEL & DISTRIBUTED
EVOLUTIONARY COMPUTATION

# 并行分布式 进化计算

陈伟能 魏凤凤 邱文锦 耿明灿
陈泰佑 史宣莉 刘奕彤 杨　果 　◎著

机械工业出版社
CHINA MACHINE PRESS

物联网蓬勃发展催生出的分布式优化问题已成为并行分布式进化计算方法研究中的一大研究方向，本书将给出该类分布式优化问题的系统定义，包括维度分布式、数据分布式和目标分布式的分布式优化问题，并介绍在这三类优化问题中现有的有关分布式进化计算方法的研究。本书共 6 章，内容包括：进化计算的基础算法、求解复杂优化问题的进化计算方法，并行分布式进化计算的物理计算环境、实现环境、通信模型、描述与评估，以加速为目标的并行分布式进化计算方法，以多智能体协作为目标的分布式进化计算方法，以及数据安全与隐私保护的分布式进化计算方法。

　　本书可作为高校研究生和高年级本科生的教材，同时也适合对演化学习感兴趣的研究人员和实践者阅读。

**图书在版编目（CIP）数据**

并行分布式进化计算 / 陈伟能等著 . -- 北京：机械工业出版社，2025.7. -- ISBN 978-7-111-78430-2

Ⅰ . TP393.027

中国国家版本馆 CIP 数据核字第 2025GA2385 号

机械工业出版社（北京市百万庄大街 22 号　邮政编码 100037）
策划编辑：姚　蕾　　　　　　　　　责任编辑：姚　蕾　郎亚妹
责任校对：张勤思　马荣华　景　飞　　责任印制：常天培
北京联兴盛业印刷股份有限公司印刷
2025 年 8 月第 1 版第 1 次印刷
186mm×240mm・11.5 印张・236 千字
标准书号：ISBN 978-7-111-78430-2
定价：69.00 元

电话服务　　　　　　　　　　网络服务
客服电话：010-88361066　　　机 工 官 网：www.cmpbook.com
　　　　　010-88379833　　　机 工 官 博：weibo.com/cmp1952
　　　　　010-68326294　　　金 书 网：www.golden-book.com
**封底无防伪标均为盗版**　　　机工教育服务网：www.cmpedu.com

# | 前言 |

进化计算（Evolutionary Computation，EC）作为计算智能领域的一个活跃研究领域，在过去几十年中取得了长足的发展，并被广泛应用于解决复杂的优化问题。进化计算是受自然界生物进化过程的启发，以"物竞天择，适者生存"为选择机制而设计的一类算法集合，主要包括进化算法（Evolutionary Algorithm，EA），如遗传算法（Genetic Algorithm，GA）、遗传规划（Genetic Programming，GP）等，以及群智能（Swarm Intelligence，SI）算法，如蚁群优化（Ant Colony Optimization，ACO）算法、粒子群优化（Particle Swarm Optimization，PSO）算法等。由于具有良好的探索性、自学习、自组织、自适应性等特点，进化计算方法能够有效地解决具有规则或不规则搜索空间的复杂优化问题。然而，随着变量维数的增加，搜索空间呈爆炸式增长，基于迭代式的进化范式会导致进化算法在求解此类大规模复杂优化问题时的计算效率降低，使得传统进化计算方法难以在大规模优化问题中得到有效运用。进化计算方法具有内在并行性，使其天然具有能够和并行分布式计算系统相结合的优势，为提高大规模复杂优化问题的求解效率提供了良机。

随着多处理器系统（Multi-Processor System，MPS）、图形处理单元（Graphical Processing Unit，GPU）、集群（cluster）技术等高性能计算技术的快速发展，大量学者利用进化计算方法的内在并行性，将进化计算方法与高性能计算技术相结合，用以提高进化计算方法在解决大规模复杂优化问题时的效率。这类方法或将进化计算的种群进化过程并行化计算，即将种群中的不同个体或子种群放在不同的处理器或计算节点来计算，称为种群并行；或将待解问题的不同决策维度优化过程并行化计算，即将问题拆分为若干子问题，每个子问题的进化优化过程放在不同的处理器或计算节点来计算，称为维度并行；或将进化计算的进化过程向量化、矩阵化或张量化，从而可采用 GPU 及众核计算等提升进化计算方法的效率。例如，在种群并行方面，Tan 等人利用分布在网络中的计算节点，设计了一种基于种群分布的分布式协同进化算法；在维度并行方面，Jia 等人在多处理器系统上提出了一个双层分布式算法，既在维度级别上具有分布式并行性，又在种群级别上具有分布式并行性；在矩阵及张量计算方面，Zhan 等人通过将进化计算方法矩阵化，实现了细粒度的基于维度分布的分布式进化算法。这类算法可以在保证算法性能的情况下极大地提高优化效率。此外，并行分布式进化计算方法在工业中也得到应用，例如电磁学、虚拟网络嵌入、车辆路由问题等。

随着大数据时代的到来和物联网的发展，边缘计算、云计算、多智能体系统（Multi-Agent System，MAS）等新型分布式计算技术不断涌现并引起了人们广泛的研究兴趣。在新场景下，大量的信息以分布式的形式生成、收集、处理和存储，但由于高昂的计算成本和有限的存储空间，同时出于对隐私保护的考虑，这些数据难以被聚合到一个数据中心进行共享利用。因此，分布式优化问题应运而生。与上述数据集中、信息可进行全局共享的集中式优化问题不同，在信息分布的分布式优化问题中，算法中的个体对整个问题没有全局信息，不能进行统筹控制，需要通过分布式节点之间的合作进行全局优化。虽然与面向集中式优化问题的并行分布式进化计算相比，面向分布式优化问题的分布式进化计算方法的研究较少，但它正在成为一个有吸引力的研究方向。

综上所述，一方面，进化计算方法与并行计算的结合显著提高了进化计算在大规模优化问题上的效率和可扩展性；另一方面，并行分布式进化计算方法在物联网、多智能体等分布式计算环境下的优化问题中已初步显示出潜力。本书将对并行分布式进化计算进行系统和全面的介绍，具体如下。

首先，本书从两个角度来考虑并行分布式的进化计算方法，包括面向集中式优化问题的并行分布式进化计算方法和面向分布式优化问题的并行分布式进化计算方法两大类。在面向集中式优化问题的并行分布式进化计算方法中，算法的个体或子种群共享相同的内存和数据，其目的通常是利用并行和分布式计算平台来提高优化效率。而在面向分布式优化问题的并行分布式进化计算方法中，算法的个体或子种群有自己的存储器来保存本地数据和信息，它们无法与其他个体或子种群共享记忆，需要通过特定的策略进行合作，以实现全局优化。物联网的蓬勃发展催生出的分布式优化问题已成为并行分布式进化计算方法研究中的一大研究方向，因此，本书将给出该类分布式优化问题的系统定义，包括维度分布式、数据分布式和目标分布式的分布式优化问题，并介绍在这三类优化问题中现有的有关并行分布式进化计算方法的研究。

其次，本书从问题特征、实现环境、通信模型和算法结构这四个部分来阐述并行分布式进化计算方法。在分布式计算环境中，并行分布式进化计算方法的设计应符合分布式优化问题的特点，其中与问题相关的信息，如环境数据、变量维度和问题目标等具有天然的分布式特性。此外，算法优化过程中的问题分解、节点通信、局部优化等具有较强的局部自主性，难以被全局控制。受到集中式和分布式优化问题特征的限制，其优化算法的实现环境各不相同。基于不同的实现环境，通信模型和算法结构在集中式环境和分布式环境中也有所不同。

最后，本书将讨论并行分布式进化计算方法所面临的挑战和该研究领域的前景。分布式计算环境中问题的分布式特征给并行分布式进化计算方法带来了巨大挑战，特别是在理论分析、新型并行分布式基础设施、大数据优化、隐私和安全性等方面。特别地，数据隐私和一致性共识进化对于并行分布式进化计算是全新的挑战，现有的针对集中式优化的并行分布式进化计算方法并没有考虑该类问题。本书对这些挑战进行讨论，并提出有潜力的研究方向，希望能促进并行分布式进化计算的发展。

本书章节设置如下。第1章对进化计算基础方法进行介绍，帮助读者掌握基础的进化计算方法；第2章根据优化问题类型介绍多类求解复杂优化问题的进化计算方法，帮助读者学习进化计算对复杂优化问题的求解；第3章从物理计算环境、实现环境、通信模型、描述与评估几个方面介绍并行分布式进化计算基础，帮助读者了解分布式进化计算的整体实现；第4章介绍了以加速为目标的并行分布式进化计算，包括并行分布式整体演化以及并行分布式协同演化的进化计算方法，使读者能够了解经典的并行分布式进化计算方法；第5章介绍以多智能体协作为目标的并行分布式进化计算方法，包括数据分布、维度分布、目标分布的分布式进化计算方法，为读者展示新型分布式进化计算研究方向；第6章介绍数据安全与隐私保护的并行分布式进化计算，使读者了解大数据环境下并行分布式进化计算隐私保护的动机、需求与方法。

# |目录|

# 第 1 章

# 进化计算基础

　　自然界中的生物遵从"适者生存"的规律进行演化，使得更适应环境的个体能够存活和繁衍；鸟群、蚁群乃至人类等社会群体动物通过交互合作，能够涌现出远超单一个体能力范畴的群体智能。对于现实世界中复杂的优化问题，我们能否从这些大自然中的现象中获得启发呢？进化计算就是这样一类模拟生物进化或社会群体动物的智能行为，实现对优化问题进行求解的算法集合，在问题全局空间中进行搜索，能在可接受时间内找到全局最优解或可接受解，具有自组织性、通用性、鲁棒性，并具有内在的并行分布式特性，使其具备了和并行分布式计算平台相结合的潜力。

　　本书根据进化机制的不同，将进化计算分为进化算法和群智能优化算法两类。进化算法主要包括遗传算法、演化策略、遗传规划、差分进化算法、分布估计算法等，而群智能优化算法主要包括粒子群优化算法和蚁群优化算法等。本章将介绍这些具有代表性的进化计算方法。

## 1.1　进化算法

　　进化算法（Evolutionary Algorithm，EA）是一类受达尔文生物进化理论启发而产生的智能优化算法，主要包括遗传算法、演化策略、遗传规划、差分进化算法、分布估计算法等。大自然中的生物种群在繁衍后代并逐渐适应环境的过程中，个体间互相交配，发生基因变异，被自然选择。受这样的生物进化过程的启发，进化算法初始化并维护一个包含若干有效解（个体）的集合（种群），经过包含适应值评估、选择、交叉、变异或采样等进化过程的迭代，演化出适应值高的个体，找到最优化问题的全局最优解或可接受解。

### 1.1.1　遗传算法

#### 1. 算法基本思想

　　遗传算法（Genetic Algorithm，GA）是由 Holland 最早于 1962 年提出的一种用于求解优化问题的随机自适应的全局搜索算法，吸收了生物学中的达尔文进化理论和孟德尔的遗传学说等重要理论成果。达尔文的进化论提出自然界"自然选择"和"优胜劣汰"的进化规律，在进化过程中，种群中的个体对环境的资源短缺、灾害等具有不同的适应能力，适应能力不足的个体会被淘汰，而适应能力较强的个体则得以保留，并通过繁衍产生新的种群。孟德尔的遗传学说则提出了遗传信息的重组模式。染色体作为遗传信息即基因的载体，在父代交叉产生子代时，通过交叉、变异实现遗传信息的重新组合，与环境共同决定子代的性状。

生物遗传基本要素与遗传算法中的基本要素对应如下。

- 种群（population）：问题搜索空间内的一组有效解，规模为 $N$。
- 染色体（chromosome）：种群中的个体（individual），问题的一个合法解的编码串。
- 基因（gene）：染色体的一个编码单元。

Holland 给出的模式定理（schema theory）和 Goldberg 提出的积木块假设（building block hypothesis）解释了遗传算法的基本原理，为遗传算法的全局搜索能力提供了理论支持。模式定理指的是，在连续的迭代中，高于平均适应值的短小的、低阶的模式串（schemata）的出现频率会呈指数级上升。可以把模式串理解成一个有相似性的字符串子集，这些字符串在某些特定位置上有相似性。积木块假设指的是，遗传算法会选择编码有显著特征的短基因串，因为短基因串比长基因串更不容易受到变异和交叉的破坏，长基因串有更多容易受到破坏的选点。这些短且有价值的基因串成为进化的"积木块"，使特征层面的组合得以实现。

对应于生物遗传中的过程，遗传算法操作中的 6 个要素如下。

1）**染色体的编码**（representation）：问题的解的表示，对染色体的交叉和变异操作构成影响，需要既简单又达到一定的算法性能，例如非冗余性、完备性、合法性、因果性等，常见的编码方法有二进制编码、整数编码和实数编码等。

2）**种群初始化**（population initialization）：遗传算法在一个给定的初始种群中进行迭代搜索，基本的初始化方法是随机数方法，即对染色体的每一维变量进行随机赋值，初始化的染色体需要注意染色体是否满足优化问题对有效解的定义。由于一个较为优良的初始种群能提高算法找到全局最优解的能力，在保证搜索空间完备性的基础上，通过特定方法使初始化得到更好的种群（平均适应值相对较高）已被证明能使遗传算法获得更好的效果。

3）**适应值评估**（fitness evaluation）：适应值代表问题的优化目标，遗传算法通过评估函数来评估各染色体的适应值，以区分染色体的优劣。在遗传算法中，一般情况下规定适应值越大的染色体越优，对于需要求解目标函数最大值的优化问题，则评估函数直接套用目标函数的形式即可，而对于需要求解目标函数最小值的优化问题，则要对目标函数 $f(X)$ 进行一定的转换以得到评估函数 $\mathrm{Eval}(C)$，例如 $\mathrm{Eval}(C) = -f(X)$，其中 $X$ 和 $C$ 分别代表问题的一个有效解和对应的染色体。

4）**选择算子**（selection）：从种群中选择较优的个体进入新种群，并保持多样性的操作。适应值较高的个体被选择的概率更大，但为了保持种群多样性，适应值低的个体也有一定的生存空间。常用的选择算子包括轮盘赌选择（roulette wheel selection）算法、锦标赛选择（tournament selection）算法。

轮盘赌选择算法的基本思想是根据个体的适应值确定其被选择的概率，首先根据种群中所有个体的适应值得到适应值的总和，再计算每个个体的适应值与种群适应值总和的比值，可以划分得到图 1-1 所示的 NP 个扇区（NP 是种群规模，图 1-1 中 NP = 4），则每个扇区的大小与个体对应的适应值比值成正比，每转动一次轮盘，则转盘停止时指针指向的扇区对应的个体即被选中进入新种群，依次进行 NP 次即可得到规模为 NP 的新种群。

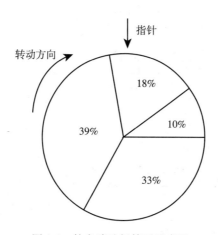

图 1-1　轮盘赌选择算子示意图

上述轮盘赌选择算法基于适应值的占比来选择个体，由于缺乏选择压力（selective pressure），容易导致搜索缺乏方向性，效率低下，将搜索局限于具有接近于种群适应值平均值的个体上。而图 1-2 所示的锦标赛选择算法，通过持续对种群中随机选择的 $N_{ts}$ 个个体进行锦标赛来选择进入新种群的个体，使新种群中的个体是 NP 次锦标赛中的胜利者，从而使新种群中的个体平均适应值高于原种群中的平均适应值，因而具有选择压力，驱使遗传算法倾向于提高种群适应值。

5）**交叉算子**（crossover）：按照交叉概率 $P_c$（一般取值为 0.5～1.0），从新种群中选择成对的染色体作为父代进行交叉，产生子代，如图 1-3 所示，每两个父代染色体交换部分基因产生两个新的子代染色体，两个子代染色体取代两个父代染色体进入新种群，没有进行交叉的染色体则直接复制进入新种群。典型的交叉算子包括单点交叉（one-point crossover）、两点交叉（two-point crossover）、多点交叉（multi-point crossover）、部分匹配交叉（partially matched crossover)、均匀交叉（uniform crossover）、算术交叉（arithmetic crossover）等，在实际应用中根据问题和具体的染色体编码方式的不同进行选择。

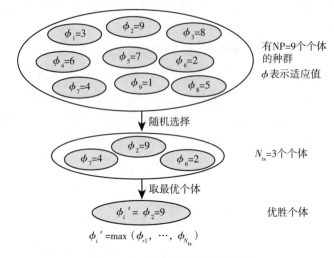

图 1-2 锦标赛选择算子示意图

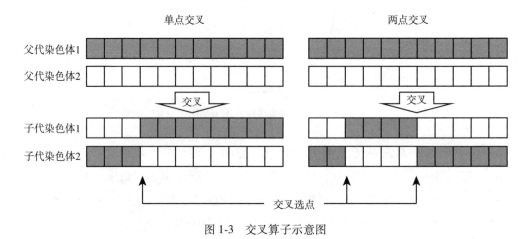

图 1-3 交叉算子示意图

交叉后产生的子代染色体应满足问题对有效解的定义。若产生的子代染色体不满足有效解的定义，则需要对其进行修复，例如将其中不满足约束的变量修改为约束区间的边界，或将无效解映射到距离其最近的有效解的位置。

6) **变异算子**（mutation）：如图 1-4 所示，按照变异概率 $P_m$（一般取值为 0.005 ~ 0.05）对新种群中的染色体的基因进行变异操作，改变相应基因的值，变异后的染色体取代原有染色体进入新种群，未发生变异的染色体直接复制进入新种群。典型的变异算子包括简单变异

（simple mutation）、均匀变异（uniform mutation）、边界变异（boundary mutation）、高斯变异
（gaussian mutation）、非均匀变异（non-uniform mutation）等。变异后的染色体也应满足问题对
有效解的定义。

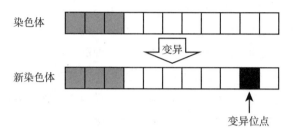

图 1-4　变异算子示意图

### 2. 算法流程

遗传算法的流程图和伪代码如图 1-5 所示，其具体步骤如下。

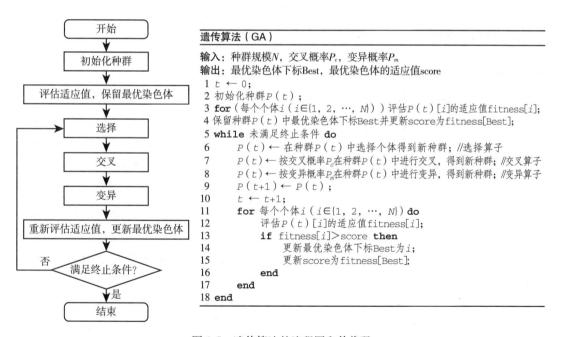

图 1-5　遗传算法的流程图和伪代码

**1）初始化种群**：初始化规模为 $N$ 的种群，其中每个染色体的每个基因采用随机数生成等
方式生成满足问题约束范围值。当前进化代数 $t=0$。

**2）评估适应值**：采用评估函数对种群中的所有染色体进行适应值评估，保存适应值最大

的个体为 Best。

3) **选择算子**：采用轮盘赌选择算子或其他选择算子对种群中的染色体进行选择，产生规模同样为 $N$ 的新种群。为了保留种群中最优的个体，直接选择 Best 进入种群。

4) **交叉算子**：按照概率 $P_c$ 从新种群中选择成对的染色体作为父代进行交叉产生子代，每两个父代染色体交换部分基因产生两个新的子代染色体，两个子代染色体取代两个父代染色体进入新种群，没有进行交叉的染色体则直接复制进入新种群。

5) **变异算子**：按照概率 $P_m$ 对新种群中的染色体的基因进行变异操作，改变相应基因的值，变异后的染色体取代原有染色体进入新种群，未变异的染色体直接复制进入新种群。

6) **适应值评估与最优个体更新**：新种群取代原有种群，重新对种群中的染色体进行适应值评估。如果种群中适应值最大的个体的适应值大于 Best 的适应值，则更新 Best 为种群中适应值最大的个体；否则，可以使用 Best 个体替代种群中适应值最小的个体。

7) **进化结束条件判断**：当前进化代数 $t=t+1$。如果 $t$ 达到了规定的最大进化代数或 Best 达到了规定的误差要求，则算法结束；否则返回步骤 3。

## 1.1.2　演化策略

### 1. 算法基本思想

演化策略（Evolution Strategy，ES）可用于在连续的搜索空间中搜索多元实值函数 $f: R^n \rightarrow R$ 的最小值，由 Rechenberg 在 1964 年提出，并由 Schwefel 等人完善。它最初只是作为一种工具，在解析法难以解决问题时，用于对一系列实验的自动设计和分析，通过变量的逐步随机调整，使一个物体或系统不论环境噪声如何都进入最优状态，例如在风洞中尝试找到空气阻力最小的理想外形。

与遗传算法类似，演化策略也有选择算子、交叉算子、变异算子。但值得注意的是，演化策略的变异算子依靠的是对向量加上一个正态分布的随机向量，因此这个正态分布的相关参数在演化策略的搜索中起到了关键作用。由 Fogel 于 1960 年提出的进化规划（Evolutionary Programming，EP）在思想、流程和求解的问题方面都与演化策略有很多相似之处，但进化规划更为精简。与演化策略最突出的区别是，进化规划没有交叉的算子，直接经过选择和变异产生下一代种群。

### 2. 算法流程

演化策略的变体一般以 $(\mu/\rho+,\lambda)$-ES 的形式表示，其中 $\mu$ 是种群规模，$\rho$ 是从种群中选择的父代个体的数量，$\lambda$ 是生成的子代个体的数量。"+"或","代表使用的选择算子的种类，其中"+"表示子代种群从 $\mu+\lambda$ 个子代个体中选择，为了保持种群规模为 $\mu$，丢弃掉适应值较

低的 $\lambda$ 个个体，而 "，" 则表示子代种群完全从 $\lambda$ 个子代个体中选择，不论好坏丢弃掉父代种群的 $\mu$ 个个体，隐含了 $\lambda \geq \mu$ 的条件。最初的演化策略属于演化策略中最简单的形式，即 $(1+1)$–ES（当 $\rho = 1$ 时，可忽略 $\rho$）。

演化策略流程图和伪代码如图 1-6 所示。

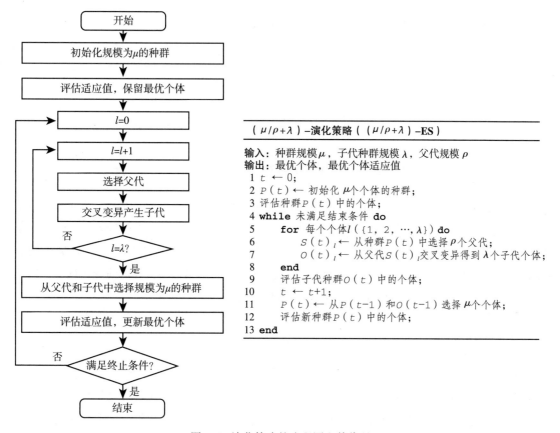

图 1-6　演化策略的流程图和伪代码

第 $t$ 次迭代的变异采样的实例示意图如图 1-7 所示，变异采用的正态分布可以写作

$$x_i \sim m_t + \sigma_t N_i(0, \boldsymbol{C}_t) \, i = 1, \cdots, \lambda \tag{1-1}$$

其中的 3 个参数含义和作用如下。

- $m_t \in R^n$：均值向量，决定了分布的中心位置，控制变异的搜索区域，即图 1-7 中圆形区域的圆心对应的向量。
- $\sigma_t \in R_+$：变异强度，用于控制变异的步长，即图 1-7 中的圆形区域半径。
- $\boldsymbol{C}_t \in R^{n \times n}$：协方差矩阵，即分布的形状，在算法中决定了变量间的依赖关系和变异的搜索方向之间的相对大小关系，对应于图 1-7 中的圆形区域的形状（在变量 $x_1$ 和 $x_2$ 的依赖关系不同，以及变异的搜索方向之间的相对大小关系不同时，该圆形区域可能具有不同的离心率、倾角）。

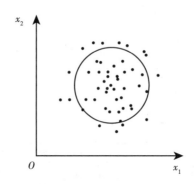

图 1-7　二维搜索空间中的 ES 变异采样

对演化策略的重要改进之一在于自适应调整上述三个正态分布参数，尤其是变异强度和协方差矩阵。关于变异强度的自适应调整，Rechenberg 在 1973 年提出过 "1/5 成功准则" （the 1/5 success rule），即如果超过 1/5 的变异都能成功改善解的目标函数值，则需要增大变异强度，否则减小变异强度。Hansen 等人研究了协方差矩阵的自适应调整策略，提出演化策略的一种重要变体 CMA-ES （Covariance Matrix Adaptation Evolution Strategy）。

### 1.1.3　遗传规划

上述遗传算法和演化策略都可以在高维、非线性、非凸的搜索空间中求解近似的最值，并且不受数学模型限制，已被广泛应用，但是需要确定长度的编码和确定的计算机程序来求解确定的问题。然而，现实问题的搜索空间的形状、维度等可能具有不确定性，随时空条件的变化而变化，例如交通网络中的道路通行效率不仅受到固定的道路宽度的影响，还会随道路上的车流量的变化而变化。面对现实问题的不确定性和遗传算法等进化算法的局限性，遗传规划（Genetic Programming，GP）应运而生，由 Koza 于 1992 年提出。

#### 1. 算法基本思想

在机器学习中，许多看似不同的问题，其解决方案都可以被表示为给定输入就输出预期结果的计算机程序（即原始函数和终端的分层组合），这些程序的大小和结构不确定。尝试使用类似遗传算法染色体表示的固定长度的字符串来表示大小和结构动态变化的层次结构是困难、不自然且过于严格的。遗传规划提供了一种方法，可以找到未指定大小和结构的计算机程序来解决或近似解决问题。

从本质上看，遗传规划构造的是一个能够构造算法的算法，进化的基本单位是新的算法和新算法的参数，而不同于遗传算法等优化算法仅仅进化模型的可变参数，即问题的决策变量。遗传算法是一种优化算法，无论算法发生何种形式的优化，算法或度量都是预先设定好的，而优化算法所做的工作就是尝试为其找到最佳参数。与优化算法一样，遗传规划也需要一种方法来评估解的优劣程度。但与优化算法不同的是，遗传规划中的解并不只是一组用于给定算法的参数，相反，在遗传规划中，算法结构及其所有参数都是需要通过搜索来确定的。

### 2. 算法流程

遗传规划的流程图和伪代码与遗传算法相同，如图 1-5 所示。

遗传规划的解的表示，即程序的构成，有两个基本要素：终端集和函数集。终端集是构成程序的所有变量和常数等符号的完备集合。函数集是构成程序的基本函数的完备集合。遗传规划的解的初始化由终端和函数的随机组合构成。例如，图 1-8 展示了两个计算机程序个体 $Z/0.37+0.89*X$ 和 $(0.21+Z)*((Y-0.53)/0.04)$，其中终端集包括 $\{0.37, 0.89, 0.21, 0.53, 0.04, X, Y, Z\}$，均位于叶节点，函数集包括 $\{+, -, *, /\}$，均位于非叶节点。

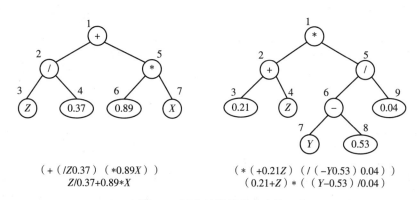

$$(+\ (\ /Z0.37\ )\ (\ *0.89X\ ))$$
$$Z/0.37+0.89*X$$

$$(*\ (+0.21Z\ )\ (\ /\ (\ -Y0.53\ )\ 0.04\ ))$$
$$(0.21+Z)*((Y-0.53)/0.04)$$

图 1-8　两个计算机程序个体

遗传规划的解通常是在许多适应值案例中进行评估的，就像计算机程序需要根据多个测试用例的输出来调试一样，适应值案例集合必须能代表整个问题，就像计算机程序需要适应的整个"环境"一样。一个解能正确处理的案例越多，则越优秀。

遗传规划的终止条件，通常是达到指定最大迭代次数，或在达到最大迭代次数前种群中存在个体程序的输出结果能 100% 符合问题的解。

交叉算子在每个个体上分别选择其中一条边对解进行切割，产生的个体片段重新组成形成子代，交叉算子的个体片段和子代个体分别如图 1-9 和图 1-10 所示。

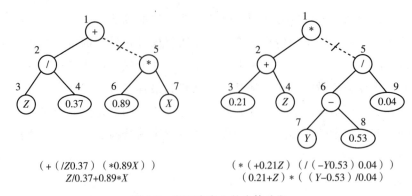

$$(+（/Z0.37）（*0.89X））$$
$$Z/0.37+0.89*X$$

$$(*（+0.21Z）（/（-Y0.53）0.04））$$
$$(0.21+Z)*（（Y-0.53）/0.04)$$

图 1-9 交叉中产生的个体片段

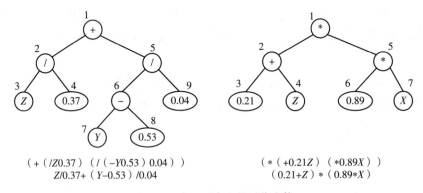

$$(+（/Z0.37）（/（-Y0.53）0.04））$$
$$Z/0.37+（Y-0.53）/0.04$$

$$(*（+0.21Z）（*0.89X））$$
$$(0.21+Z)*（0.89*X)$$

图 1-10 交叉后产生的子代个体

### 1.1.4 差分进化算法

**1. 算法基本思想**

差分进化（Differential Evolution，DE）算法由 Storn 和 Price 在 1995 年以技术报告的形式提出，用于连续空间中的非线性、不可微、多峰的函数的全局优化。

差分进化算法具有良好的自组织性，参数量少且易于选择，借用 Bunday 等人在 1987 年提出的 Nelder-Mead 局部优化算法中的思想，仅利用种群中的两个随机向量的差分信息即可对现存的向量进行扰动搜索，而不需要像进化策略一样通过预先确定的概率分布函数来确定向量的扰动。

差分进化算法与遗传算法相似，维护一个用于优化的种群，以及选择、交叉、变异算子，但差分进化算法相对于遗传算法而言，更易于并行，且收敛性更好。由于差分进化算法的向量种群的随机扰动搜索能在每个个体上独立进行，因此它具有良好的可并行性，适用于大规模、评估耗时长的高维度问题。差分进化算法相比遗传算法的遗传算子而言更具有确定性，因此在多次独立重复实验中收敛速度更快且更具鲁棒性。

**2. 算法流程**

考虑一个维度为 $D$ 的最小化目标函数值的问题，差分进化算法的流程图和伪代码如图 1-11 所示。

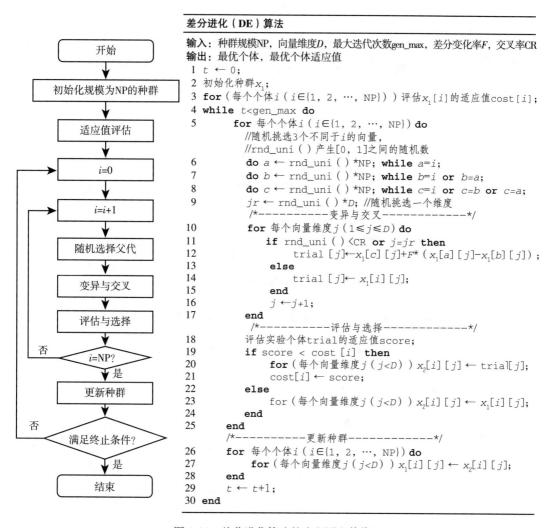

图 1-11　差分进化算法的流程图和伪代码

从流程图中可见，差分进化算法执行遗传算子的先后顺序是变异、交叉、选择，与遗传算法的先后顺序（即选择、交叉、变异）相反，且差分进化算法的进化算子相比遗传算法而言更具有确定性，下面逐一进行介绍。

1）**变异算子**：如图 1-12 所示，差分进化算法通过两个种群向量的加权差分向量与第三个向量之间的和来产生新的向量，而不像遗传算法依靠随机产生新的基因。记第 $G$ 次迭代中，规模为 NP 的种群中向量为 $\boldsymbol{x}_{i,G}$，$i=1,2,3,\cdots,$ NP，则变异后的向量根据式（1-2）产生

$$\boldsymbol{v}_{i,G+1} = \boldsymbol{x}_{r1,G} + F \cdot (\boldsymbol{x}_{r2,G} - \boldsymbol{x}_{r3,G}) \tag{1-2}$$

其中，$r1, r2, r3 \in \{1, 2, \cdots, NP\}$，三者都不等于 $i$ 且互不相同，因此种群规模 NP 需大于等于 4 以达到这种操作的条件。$F$ 是 $[0,2]$ 之间的实数，用于控制差分向量（$\boldsymbol{x}_{r2,G} - \boldsymbol{x}_{r3,G}$）之间的权重。

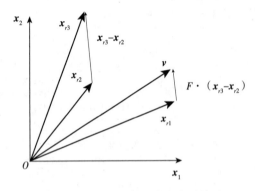

图 1-12 差分进化算法中的变异算子

2）**交叉算子**：如图 1-13 所示，交叉后的试验向量为 $\boldsymbol{u}_{i,G+1} = (\boldsymbol{u}_{1i,G+1}, \boldsymbol{u}_{2i,G+1}, \cdots, \boldsymbol{u}_{Di,G+1})$，其中

$$\boldsymbol{u}_{ji,G+1} = \begin{cases} \boldsymbol{v}_{ji,G+1} & (\mathrm{randb}(j) \leqslant \mathrm{CR}) \text{ 或 } j = \mathrm{rnbr}(i) \\ \boldsymbol{x}_{ji,G} & \text{其他} \end{cases} \tag{1-3}$$

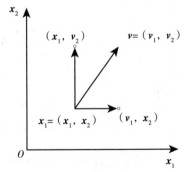

图 1-13 差分进化算法中的交叉算子

式（1-3）中 randb($j$）是第 $j$ 个 $[0,1]$ 之间的随机数，CR 是 $[0,1]$ 之间的交叉率，由用户决定，rnbr($i$) 是随机选中的 $\{1,2,\cdots,D\}$ 中的一个下标，以确保试验向量 $\boldsymbol{u}_{i,G+1}$ 从变异后的向量 $\boldsymbol{v}_{i,G+1}$ 中至少获得一个参数。

3）**选择算子**：为了决定试验向量 $\boldsymbol{u}_{i,G+1}$ 是否进入 $G+1$ 代的种群，采用贪心准则来决定，如式（1-4）所示：

$$\boldsymbol{x}_{i,G+1}=\begin{cases}\boldsymbol{u}_{i,G+1}, & \mathrm{eval}(\boldsymbol{u}_{i,G+1})<\mathrm{cost}[i]\\ \boldsymbol{x}_{i,G}, & \text{其他}\end{cases} \tag{1-4}$$

其中，$\mathrm{eval}(\boldsymbol{u}_{i,G+1})$ 是评估试验向量 $\boldsymbol{u}_{i,G+1}$ 的适应值，$\mathrm{cost}[i]$ 则是原种群中向量 $\boldsymbol{x}_{i,G}$ 的适应值，即如果 $\boldsymbol{u}_{i,G+1}$ 优于原种群中的向量 $\boldsymbol{x}_{i,G}$，则在新种群中用前者取代后者，否则新种群中的向量沿用原种群中的向量 $\boldsymbol{x}_{i,G}$。

综合上述流程来看，基本的差分进化算法需要用户预先确定的参数只有 3 个，即种群规模 NP、差分向量权重因子 $F$ 和交叉率 CR，数量少，且算法对参数鲁棒，因而易于控制。Storn 在文献 [39] 中指出控制参数的经验准则包括以下几项。

- 常见的交叉率 CR 需要低于一定的数值，例如 0.3，而如果无法收敛，则可以采用 $[0.8,1]$ 之间的数值。
- 通常 NP $=10*D$ 是较好的选择。
- 权重因子常在 $[0.5,1]$ 之间挑选。种群规模 NP 越大，权重因子 $F$ 就应当被设置得越小。

差分进化算法的变体常用 DE/$x$/$y$/$z$ 表示，例如图 1-11 中的基本的差分进化算法为 DE/rand/1/bin，其中：

- $x$ 表示当前用于变异的向量的类型，例如 rand 表示种群中随机抽取的向量，而 best 表示从当前种群中选取的最低成本的向量。
- $y$ 表示选用的差分向量的数量。
- $z$ 表示交叉算子的方案，例如 bin 表示二项交叉（binomial crossover），即由上述二项式独立实验进行的交叉。

## 1.1.5　分布估计算法

### 1. 算法基本思想

尽管上述几种进化算法在求解各种组合优化和连续优化问题中都取得了一定的成效，但它们仍面临一些挑战。一方面，对于特定问题，进化算法的参数选取对算法性能有重要影响，但缺乏经验的研究者难以选取合适的参数，因为参数选取本身就是一个优化问题。另一方面，种群在搜索空间中的移动难以预测。针对这两个挑战，Mühlenbein 和 Paaß 于 1996 年提出分布估计算法（Estimation of Distribution Algorithm，EDA）。

类似于演化策略和进化规划，分布估计算法也构建了搜索空间的概率分布模型，但不同的是，分布估计算法没有交叉和变异算子，而是直接通过构建概率分布模型和采样得到新种群。由于分布估计算法中不包含交叉和变异算子，因此算法中的个体不再用基因来描述个体所包含的信息，而通过变量（variable）来表示个体。概率分布的构建是基于之前历次迭代所选择的个体形成的数据库，通过分析数据库中较优的种群所包含的变量，构建符合这些变量分布的概率分布模型，然后基于该概率模型采样得到新的种群。由于概率模型是使用较优的种群来构建的，由该模型采样得到的新种群在整体质量上往往会优于原来的种群，由此，随着算法的迭代，种群的整体质量会不断提高，从而使分布估计算法得以逐渐逼近全局最优解。

**2. 算法流程**

分布估计算法的流程图和伪代码如图 1-14 所示，具体步骤如下。

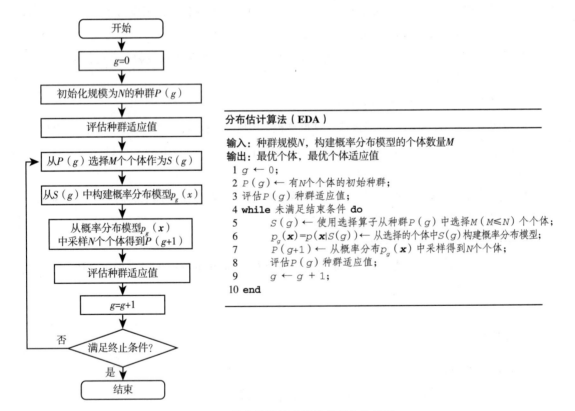

图 1-14　分布估计算法的流程图和伪代码

1）设置迭代次数 $g=0$，初始化包含 $N$ 个个体的历史种群 $P(g)$。

2）采用某种选择方法从历史种群 $P(g)$ 中选择 $M$ 个个体构成 $S(g)$。

3）学习所选个体 $S(g)$ 的联合概率分布 $p_g(\boldsymbol{x})$。

4）从学习的联合概率分布 $p_g(\boldsymbol{x})$ 中采样 $M$ 个个体构成新种群 $P(g+1)$。

5）将新种群 $O(g)$ 的个体加入历史种群 $P(g)$ 中。

6）设置 $g$ 增加 1，若达到停止迭代的标准，则停止运行，否则返回步骤 2。

## 1.2　群智能优化算法

群智能（Swarm Intelligence，SI）优化算法是一类结合了动物的群体行为特性以及人类社会认知属性的智能优化算法，主要包括粒子群优化算法、蚁群优化算法等。这类算法同样初始化并维护一个有效解集合，但不是以演化的方式进行优化，而是在个体间建立某种沟通协同机制，例如模仿鸟群中每个个体和鸟群整体的历史最优位置的引导作用，或模仿蚁群中的信息素，使每个个体在探索时能记忆和开发全局历史最优解，从而搜索到全局最优解或可接受解。

### 1.2.1　粒子群优化算法

#### 1. 算法基本思想

粒子群优化（Particle Swarm Optimization，PSO）算法是 Eberhart 和 Kennedy 于 1995 年提出的一种全局搜索算法。粒子群优化算法借鉴了自然界中鸟群、鱼群觅食等群体智慧涌现现象中的思想，融入了社会心理学中的个体认知（self-cognition）和社会影响（social-influence）的理论。

在自然界的鸟群觅食过程中，小鸟是结合各自的探索和群体的合作最终发现食物的位置的。一开始鸟群随机地飞行觅食，它们都不知道食物具体的位置，但是能通过气味浓度等方式间接了解自身和食物之间的距离，随着不断飞行，小鸟能不断记录、更新自身曾经到达的距离食物最近的位置，并且通过交流知道整个群体目前已找到的最优的位置，进而指导飞行方向，调整自身飞行速度和所在位置，最终使群体聚集到食物位置附近。

在粒子群优化算法中，鸟群中的每只小鸟被称为一个"粒子"，即搜索空间中的一个有效解。每个粒子具有各自的位置向量和速度向量，食物的位置即全局最优解的位置。通过随机生成一定规模的粒子作为一组初始有效解，结合每个粒子自身历史最优位置和全局历史最优位置迭代地更新各自的速度向量和位置向量，在搜索空间中探索和开发，最终找到全局最优解。

粒子群优化算法的拓扑结构又称为社会结构，指的是算法中的个体进行相互协同的拓扑结构。根据拓扑结构的不同，粒子群优化算法有不同的版本，其拓扑结构包括静态拓扑结构和动态拓扑结构。静态结构的粒子群优化算法主要有全局版本 PSO（Global Version PSO，GPSO）和局部版本 PSO（Local Version PSO，LPSO），两种版本的区别主要在于社会结构的定义不同。在 GPSO 中，整个种群构成一个星形的"社会"，即粒子在进行速度和位置更新时，将会使用自身的历史最好位置 $\boldsymbol{p}_{\text{Best}}$ 和种群中最好位置 $\boldsymbol{g}_{\text{Best}}$ 作为向导。而在 LPSO 中，整个种群的拓扑结构有环形结构、齿形结构、冯·诺依曼结构等，每个粒子所处的"社会"仅仅是一个小的邻域，即粒子在进行速度和位置更新时，将会使用自身的历史最好位置 $\boldsymbol{p}_{\text{Best}}$ 和邻域中的最好位置 $\boldsymbol{l}_{\text{Best}}$ 作为向导。如此，LPSO 能用于作为更新向导的位置比 GPSO 多，因此 LPSO 的多样性更好，在处理复杂问题时的表现往往比 GPSO 更好，更不容易陷入局部最优。但 LPSO 并不能完全解决粒子群优化算法落入局部最优的问题，因此动态拓扑结构的粒子群优化算法尝试在不同阶段采用不同的拓扑结构，动态地调整算法的探索能力和开发能力，在保持种群多样性和算法收敛性上取得平衡，动态拓扑结构的粒子群优化算法的代表性工作包括逐步增长法、最小距离法、重新组合法、随机选择法。本节以静态拓扑结构中的 GPSO 为代表介绍粒子群优化算法的流程。

### 2. 算法流程

对于一个维数为 $D$ 的问题，每个粒子 $i$ 具有两个在迭代过程中更新的向量，即速度向量 $\boldsymbol{v}_i = (v_i^1, v_i^2, \cdots, v_i^D)$ 和位置向量 $\boldsymbol{x}_i = (x_i^1, x_i^2, \cdots, x_i^D)$，其中速度向量决定粒子运动的方向和速率，位置向量则代表搜索空间的位置，用于评估解的适应值。每个粒子维护一个自身历史最优位置向量 $\boldsymbol{p}_{\text{Best}}$，在迭代过程中，每个个体到达了一个适应值更好的位置则更新自身的 $\boldsymbol{p}_{\text{Best}}$。种群维护一个全局最优向量 $\boldsymbol{g}_{\text{Best}}$，代表所有个体中最优的 $\boldsymbol{p}_{\text{Best}}$，能指导种群向全局最优区域收敛。

相比遗传算法等进化算法，粒子群优化算法只需要迭代地执行速度更新和位置更新的过程，而无须进行选择、交叉、变异等操作，实现更简单，效率更高，并行性能更好。

粒子群优化算法的流程图和伪代码如图 1-15 所示，具体步骤如下。

**1）初始化**：随机初始化每个粒子个体的速度和位置，将个体的当前位置作为自身历史最优 $\boldsymbol{p}_{\text{Best}}$，而种群中最优的 $\boldsymbol{p}_{\text{Best}}$ 作为 $\boldsymbol{g}_{\text{Best}}$。

**2）适应值评估**：在每一代进化中计算各粒子的适应值函数值。

**3）个体历史最优更新**：如果当前粒子 $i$ 适应值比其历史最优值要好，则更新 $\boldsymbol{p}_{\text{Best}}$ 为当前位置向量 $\boldsymbol{x}_i$。

**4）全局历史最优更新**：如果该粒子 $i$ 的适应值比全局历史最优值要好，则更新 $\boldsymbol{g}_{\text{Best}}$ 为粒子 $i$ 的位置向量 $\boldsymbol{x}_i$。

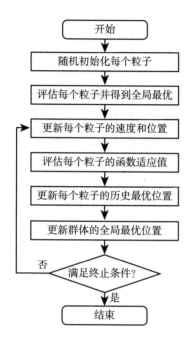

粒子群优化算法（PSO）

输入：种群规模NP
输出：全局历史最优位置gBest，全局历史最优适应值
```
     fitness（gBest）
 1  t ← 0;
 2  for 每个粒子 i（i ∈ {1, 2, …, NP}）do
 3      初始化速度和位置（Vᵢ, Xᵢ）;
 4      评估粒子xᵢ的适应值fitness（i）;
 5      设置个体历史最优位置pBestᵢ=Xᵢ;
 6  end
 7  设置gBest为全局最优个体历史最优位置;
 8  while 未满足终止条件 do
 9      for 每个粒子 i（i ∈ {1, 2, …, NP}）do
10          更新速度和位置（Xᵢ, Xᵢ）;
11          评估粒子xᵢ的适应值fitness（i）;
12          if fitness（Xᵢ）>fitness（pBestᵢ）then
13              更新个体历史最优位置pBestᵢ=Xᵢ;
14          end
15          if fitness（pBestᵢ）>fitness（gBest）then
16              更新全局历史最优位置gBest=pBestᵢ
17          end
18      end
19      t ← t+1;
20  end
```

图 1-15　粒子群优化算法的流程图和伪代码

**5）速度和位置更新**：对每个粒子 $i$ 的第 $d$ 维的速度和位置分别按照式（1-5）和式（1-6）更新。这两个公式在二维空间中的关系如图 1-16 所示。

$$v_i^d = \omega \times v_i^d + c_1 \times \mathrm{rand}_1^d \times (p_{\mathrm{Best}_i}^d - x_i^d) + c_2 \times \mathrm{rand}_2^d \times (g_{\mathrm{Best}_i}^d - x_i^d) \tag{1-5}$$

$$x_i^d = x_i^d + v_i^d \tag{1-6}$$

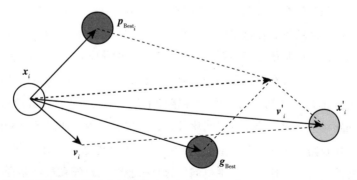

图 1-16　粒子群优化算法中粒子的速度与位置在二维空间中的关系和更新示意图

式（1-5）中 $\omega$ 是惯性权重（inertia weight），表示保持粒子原来速度的趋势大小，文献[67] 的实验表明，$\omega$ 取值在 $[0.9, 1.2]$ 之间时，算法收敛到全局最优的成功率较高，文献[68] 建议将 $\omega$ 初始化为 $0.9$，然后随进化过程线性初始化为 $0.4$，$c_1$ 和 $c_2$ 是加速系数（acceleration coefficients），也称学习因子，一般取固定值 $2.0[67, 68]$，$\text{rand}_1^d$ 和 $\text{rand}_2^d$ 是两个 $[0,1]$ 区间上的随机数。需要注意的是，在更新过程中，速度更新需要按照用户设定的最大速度参数 $v_{\max}$ 来限制速度的范围。另外，式（1-6）中的位置更新也必须是合法的，在每次更新后需要检查是否在问题空间中，否则需要进行重新随机设定或限定在问题空间边界的修正。

6）**结束条件判断**：如果还未达到结束条件，则转回步骤 2，否则输出 $g_{\text{Best}}$ 并结束。

## 1.2.2　蚁群优化算法

### 1. 算法基本思想

蚁群优化（Ant Colony Optimization，ACO）算法是由 Dorigo 等人于 1991 年提出的一种随机搜索算法，模拟了自然界蚂蚁的真实觅食过程。不同于之前介绍的各种进化计算方法，蚁群优化算法是一种构建式的元启发式算法，能更灵活地处理约束优化中的问题约束，使用合适的构建图，一步一步地构建有效解。

基于对自然界蚁群觅食过程的抽象建模，我们得到蚁群算法与自然界蚁群觅食过程一一对应的基本要素。

- 蚁群：搜索空间内的一组有效解，表现为种群规模，即蚂蚁的数量 $M$。
- 蚂蚁：在搜索空间中构建有效解的基本单位。
- 觅食空间：问题的搜索空间，表现为问题的规模，即解的维数 $N$。
- 蚁巢到食物的一条路径：一个有效解。
- 信息素（pheromone）：信息素浓度，用于记忆路径信息和蚂蚁间的间接通信。

一只只视觉感知系统没有发育完全的蚂蚁构成的蚁群，在一个初始时刻全局路径信息未知的搜索空间中，要找到从蚁巢到食物源的最优路径，它们需要一种机制来交互、记忆路径。仿生学家的研究表明，这种机制依赖于一种由蚂蚁自身释放的化学物质，即信息素（pheromone），来实现蚁群的间接通信。蚂蚁在寻找食物的过程中能够感知路径上的信息素浓度，并倾向于向信息素浓度高的方向前进。在初始时，由于各路径上均没有分布信息素，蚂蚁纯随机选择路径，由于在较短的路径上，蚂蚁的往返时间比较短，单位时间内，通过该路径的蚂蚁多，所以信息素的积累速度比长路径快，因此，后续蚂蚁在路口上就能通过感知先前蚂蚁留下的信息，倾向于选择更短的路径前行。这种正反馈机制使得越来越多的蚂蚁在最优路径上行进，由于其他路径上的信息素会随着时间蒸发，最终所有的蚂蚁都在最优路径上行进。此外，蚁群这种自组织工作机制有较强的适应环境动态变化的能力。例如，当最优路径上突然出现障碍物时，蚁群也能绕行并很快重新探索出一条新的最优路径。

蚁群得到的当前最短的路径可能只是局部最优路径，而不是全局最优路径，因此蚁群不仅要有开发利用信息素信息的能力，使所有蚂蚁收敛到最优路径上，还要有充分的探索全局最优路径的能力，避免蚁群陷入局部最优路径上，所以蚁群不管在路径搜索的哪个阶段，在每个路口选路时都保留一定的随机性，而不是直接选择信息素积累最多的下一路段。

蚁群优化算法在发展中出现了不同变体。蚂蚁系统（Ant System，AS）是蚁群算法的雏形，它的出现为各种改进算法的提出带来了灵感。之后诞生了许多改进的蚁群优化算法。较为经典的蚁群优化算法的改进版本包括精华蚂蚁系统（Elitist Ant System，EAS）、基于排列的蚂蚁系统（Rank-Based Ant System，$AS_{rank}$）、最大最小蚂蚁系统（MAX-MIN AS，MMAS）等。它们大多在 AS 上直接进行改进，通过修正信息素的更新方式和增添信息素维护过程中的额外细节，使蚁群优化算法的性能得到提高。而到了 1997 年，ACO 创始人 Dorigo 等人提出蚁群系统（Ant Colony System，ACS），实验结果表明 ACS 算法性能明显优于 AS，因此 ACS 是蚁群优化算法发展史上的又一里程碑。之后蚁群算法继续发展，新拓展算法不断出现，例如采用下限技术的 ANTS 算法、超立方体 AS 算法等。传统的 ACO 算法是解决离散空间的优化问题的，到了 21 世纪，各种连续蚁群算法的出现，进一步拓展了蚁群算法的应用领域。本节选取 AS 和 ACS 作为代表，介绍蚁群优化算法的流程。

**2. 算法流程**

旅行商问题（Traveling Salesman Problem，TSP）在蚁群优化算法的研究中起到重要作用，下面将依托 TSP 的求解介绍蚁群优化算法的流程。

直观上，TSP 指的是在给定的城市集合中，一位商人从起点城市出发，希望能找到一条最短路径，使得每个城市都被访问且仅被访问一次，最后返回起点城市。

形式上，TSP 可以用一个带权完全图 $G=(N,A)$ 来描述，其中 $N$ 是城市节点集合，$A$ 是所有边的集合，每条边 $(i,j) \in A$ 都被分配一个权值（即长度）$d_{ij}$，代表城市 $i$ 和 $j$ 之间的距离，其中 $i,j \in N$。TSP 的目标就是寻找图中一条具有最小成本值的汉密尔顿回路，汉密尔顿回路指的是一条访问图 $G$（$G$ 含有 $n = |N|$ 个节点）中每个节点一次且仅一次的闭合路径，这样，TSP 的一个最优解对应于节点标号为 $\{1,2,\cdots,n\}$ 的一个排列 $\pi$，使得长度 $f(\pi)$ 最小，$f(\pi)$ 定义为

$$f(\pi) = \sum_{i=1}^{n-1} d_{\pi(i)\pi(i+1)} + d_{\pi(n)\pi(1)} \tag{1-7}$$

蚁群优化算法的初级版本 AS 求解 TSP 的流程图和伪代码如图 1-17 所示。在 AS 的基础上，我们还将介绍蚁群优化算法的重要改进版本 ACS。相比 AS 而言，ACS 主要有以下 3 大改进，提

高了算法的探索和开发能力。

- 在构建解时，不像 AS 使用随机比例（random proportional）规则，而使用一种伪随机比例（pseudorandom proportional）规则，建立开发当前路径与探索新路径之间的平衡。
- 新增了信息素局部更新的步骤，蚂蚁每经过空间内的某条边，都会除去该边上一定量的信息素，以增加后续蚂蚁探索其他路径的可能性。
- 信息素全局更新仅在历史最优路径上进行，以充分开发历史最优路径，而不像 AS 在每次迭代中都对每条路径上的信息素进行蒸发和释放。

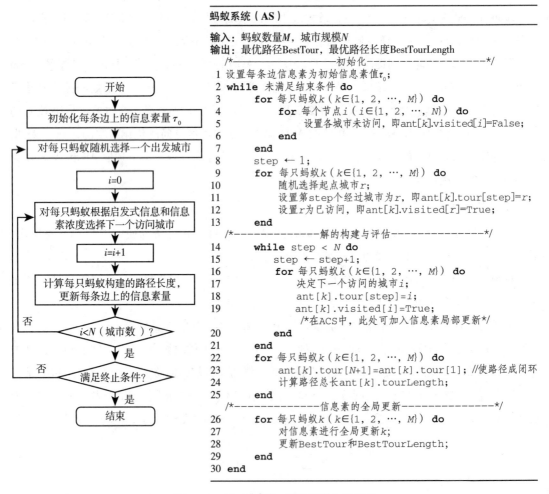

**蚂蚁系统（AS）**

输入：蚂蚁数量$M$，城市规模$N$
输出：最优路径BestTour，最优路径长度BestTourLength
```
/*————————————初始化——————————————*/
1  设置每条边信息素为初始信息素值τ₀;
2  while 未满足结束条件 do
3      for 每只蚂蚁k（k∈{1, 2, …, M}）do
4          for 每个节点i（i∈{1, 2, …, N}）do
5              设置各城市未访问，即ant[k].visited[i]=False;
6          end
7      end
8      step ← 1;
9      for 每只蚂蚁k（k∈{1, 2, …, M}）do
10         随机选择起点城市r;
11         设置第step个经过城市为r，即ant[k].tour[step]=r;
12         设置r为已访问，即ant[k].visited[r]=True;
13     end
/*——————————解的构建与评估——————————*/
14     while step < N do
15         step ← step+1;
16         for 每只蚂蚁k（k∈{1, 2, …, M}）do
17             决定下一个访问的城市i;
18             ant[k].tour[step]=i;
19             ant[k].visited[i]=True;
                /*在ACS中，此处可加入信息素局部更新*/
20         end
21     end
22     for 每只蚂蚁k（k∈{1, 2, …, M}）do
23         ant[k].tour[N+1]=ant[k].tour[1];  //使路径成闭环
24         计算路径总长ant[k].tourLength;
25     end
/*——————————信息素的全局更新——————————*/
26     for 每只蚂蚁k（k∈{1, 2, …, M}）do
27         对信息素进行全局更新k;
28         更新BestTour和BestTourLength;
29     end
30 end
```

图 1-17　AS 求解 TSP 的流程图和伪代码

AS 主要包括初始化信息素矩阵、解的构建与评估、信息素全局更新 3 大步骤，即下述步骤 1、2、4。而 ACS 则在解的构建与评估过程中还包括信息素局部更新这一步骤，即下述步骤 3。

AS 和 ACS 的详细步骤介绍如下。

**1）初始化信息素矩阵**：对算法进行初始化时，对于一个 $n$ 维问题空间中每条边上的信息素都初始化为 $\tau_0$，若 $\tau_0$ 过小，则算法容易早熟，即蚂蚁很快集中到一条局部最优的路径上，若 $\tau_0$ 过大，则信息素对算法的指导作用有限，算法收敛速度过慢。对于蚁群优化算法的第一种变体——蚂蚁系统（Ant System，AS），我们使用 $\tau_0 = M/C^{nn}$，其中 $M$ 是种群中的蚂蚁数量，$C^{nn}$ 是使用贪心算法构建的路径的长度。

**2）解的构建与评估**：每只蚂蚁随机选择一个城市作为其出发城市，并维护一个路径记忆序列，用于存放该蚂蚁依次经过的城市。蚂蚁在构建路径的每一步中，AS 算法按照一个随机比例规则选择下一个要到达的城市，而 ACS 算法则按照伪随机比例规则选择下一个城市。

- 随机比例规则：每只蚂蚁 $k$ 在节点 $i$ 上，按照伪随机比例选择规则，依次在待访问节点集合 $J_k(i)$ 中选择下一个节点 $j$，逐步构建生成解。随机比例 $p_k(i,j)$ 由信息素 $\tau_{ij}$ 和启发式信息 $\eta_{ij}$ 的加权乘积求得，即

$$p_k(i,j) = \begin{cases} \dfrac{\tau_{ij}^{\alpha} \eta_{ij}^{\beta}}{\sum_{u \in J_k(i)} \tau_{iu}^{\alpha} \eta_{iu}^{\beta}}, & j \in J_k(i) \\ 0, & \text{其他} \end{cases} \tag{1-8}$$

其中，$J_k(i)$ 表示从城市 $i$ 可以直接到达又不在蚂蚁访问过的城市序列中的城市集合，$\eta_{ij}$ 是启发式信息，表示问题中引导下一步构建的信息，例如在 TSP 中，启发式信息可以选用 $\eta_{ij} = 1/d_{ij}$，即城市 $i$、$j$ 间的距离 $d_{ij}$ 越小，启发式 $\eta_{ij}$ 就越大，蚂蚁就更倾向于选择路径 $j$ 作为下一个城市。$\alpha$ 和 $\beta$ 则为预先设置的参数，用于控制启发式信息和信息素浓度的权重关系，若 $\alpha = 0$，则蚁群算法退化为仅使用启发式信息的贪心算法，若 $\beta = 0$，则蚂蚁仅根据信息素浓度确定路径，算法将快速收敛，但缺乏启发式信息的指导会使构建的路径与实际目标有较大差异，算法性能较差。文献 [46] 中的实验表明，在 AS 中设置 $\alpha = 1$、$\beta = 2 \sim 5$ 比较合适。

- 伪随机比例规则：在上述随机比例规则的基础上，伪随机比例规则在构建解的每一步，以 $q_0$ 的概率，选择最大的伪随机比例 $p_k(i,j)$ 对应的节点 $j$ 作为下一个节点，以 $1-q_0$ 的概率，按照伪随机选择比例 $p_k(i,j)$ 进行轮盘赌选择，确定下一个节点 $j$，即

$$j=\begin{cases} \arg\max\limits_{u\in J_k(i)} p_k(i,u), & r\leqslant q_0 \\ R(p_k(i,u))\ \forall\,u\in J_k(i), & r>q_0 \end{cases} \tag{1-9}$$

**3）信息素局部更新**：传统的 AS 算法只有全局信息素更新。ACS 算法中引入了一种信息素更新方式，蚂蚁每经过一条路径，就减少那条路径上的信息素，避免同一条路径被重复选择，从而提高算法的探索能力。信息素局部更新如式（1-10）所示。

$$\tau(i,j)=(1-\xi)\cdot\tau(i,j)+\xi\cdot\tau_0 \tag{1-10}$$

其中，$\xi$ 是信息素局部挥发速率，满足 $0<\xi<1$，$\tau_0$ 是信息素的初始值。通过文献［46］中的实验发现，$\xi$ 为 0.1，$\tau_0$ 取值为 $1/(nC^{nn})$ 时，算法对大多数实例有着非常好的性能，其中 $n$ 为城市个数，$C^{nn}$ 是由贪婪算法构造的路径的长度。由于 $\tau_0=1/(nC^{nn})\leqslant\tau(i,j)$，局部更新计算出来后更新的信息素相比更新前减少了，也就是说，信息素局部更新规则作用于某条边上会使得这条边被其他蚂蚁选中的概率减小，这种机制增加了算法的探索能力，使蚂蚁更倾向于探索未被使用过的边，有效避免算法进入停滞状态。

**4）信息素全局更新**：当所有蚂蚁的路径被构建完成，即蚁群算法一次迭代，需要对路径上的信息素进行蒸发和释放。

在 AS 算法中，按照以下公式，对每条路径上的信息素都进行蒸发和释放。

$$\tau(i,j)=(1-\rho)\cdot\tau(i,j)+\sum_{k=1}^{M}\Delta\tau_k(i,j) \tag{1-11}$$

$$\Delta\tau_k(i,j)=\begin{cases} 1/C_k, & (i,j)\in R^k \\ 0, & \text{其他} \end{cases} \tag{1-12}$$

其中，参数 $\rho$ 代表信息素蒸发的速率，规定 $0<\rho\leqslant1$，$R^k$ 是第 $k$ 只蚂蚁构建的路径的边集合，$\Delta\tau_k(i,j)$ 是第 $k$ 只蚂蚁在它经过的边上释放的信息素，$C_k$ 是蚂蚁构建的路径长度。

在 ACS 算法中，按照以下公式，仅对至今最优路径上的信息素进行蒸发和释放，以提高至今最优路径被选择的概率，提高算法的收敛能力。

$$\tau(i,j)=(1-\rho)\cdot\tau(i,j)+\rho\cdot\Delta\tau_b(i,j),\ \forall\,(i,j)\in T_b \tag{1-13}$$

其中，$\Delta\tau_b(i,j)=1/C_b$，$C_b$ 为至今最优路径长度。值得注意的是，在 ACS 的全局更新中，只有至今最优路径 $T_b$ 上的边才有信息素蒸发和释放。

**5）结束条件判断**：当达到预先规定的最大进化代数，或最终结果达到了规定的误差要求时，算法结束；否则返回步骤 2。

| 第 2 章 |

# 求解复杂优化问题的进化计算方法

现实世界中广泛存在着包括多目标优化问题、约束优化问题、昂贵优化问题、高维大规模优化问题、动态优化问题以及多任务优化问题在内的众多复杂优化问题。求解这些复杂优化问题对进化计算方法提出了新的挑战。本章将介绍求解上述六类复杂优化问题的进化计算方法。

## 2.1 多目标优化的进化计算方法

### 2.1.1 问题定义

多目标优化问题（Multi-objective Optimization Problem，MOP）是一类普遍存在于现实生活中的复杂优化问题。相较于只有一个目标函数的优化问题，多目标优化问题往往包含多个相互冲突的目标。其中，一个目标的改善很有可能引起其他目标的损失，因此需要在多个目标中进行协商、寻求平衡，找到能综合考虑所有目标的最优解。例如，在日常生活中，出租车往往是时间成本最低的出行方式，但费用昂贵。采用公交或地铁出行的费用较低，却比较耗时。平衡出行费用和时间成本、制订合适的出行方案对市民出行来说意义重大。

在过去的二十年中，进化计算方法已成为求解多目标优化问题的重要途径，多目标进化算法（Multi-Objective Evolutionary Algorithm，MOEA）是进化计算领域备受关注的研究方向之一。多目标进化算法继承了进化计算自适应、自组织、自学习和基于种群演化的特性，能够在单次算法执行中有效地找到一组能综合考虑所有目标的最优解，提高了求解多目标优化问题的效率。目前，学者们提出了许多多目标进化算法，主要包括基于非支配排序的 MOEA、基于分解的 MOEA、基于指标的 MOEA 等。本节将结合多目标优化问题的定义，对这三类多目标进化算法进行介绍。

不失一般性，一个具有 $M$ 个目标函数的多目标优化问题可以描述为

$$\min F(\boldsymbol{x})=(f_1(\boldsymbol{x}),f_2(\boldsymbol{x}),\cdots,f_M(\boldsymbol{x}))^{\mathrm{T}}$$
$$\text{s. t. } \boldsymbol{x}\in\Omega \tag{2-1}$$

其中，$\Omega$ 是决策空间，$\boldsymbol{x}=(x_1,x_2,\cdots,x_N)^{\mathrm{T}}$ 表示一个包含 $N$ 个决策变量的候选解。$F(\boldsymbol{x})$ 包含了 $M$ 个目标函数，$f_i:\Omega\rightarrow R, i=1,2,\cdots,M$，$R^M$ 是目标空间。由于多个目标之间往往是相互冲突的，改善某个目标会引起其他目标的损失，因此，$F(\boldsymbol{x})$ 中不存在能够同时使得所有目标函数达到最优的解。所以，多目标优化问题的目的并不是寻找一个最优解，而是寻找一组帕累托最优解（Pareto optimal solution），定义如下。

**定义 2-1（帕累托支配）**　假设 $\Omega$ 中存在两个向量，$\boldsymbol{x}=(x_1,x_2,\cdots,x_N)^{\mathrm{T}}$ 和 $\boldsymbol{y}=(y_1,y_2,\cdots,y_N)^{\mathrm{T}}$，当且仅当

$$\forall i=1,2,\cdots,M, \qquad f_i(\boldsymbol{x})\leqslant f_i(\boldsymbol{y})$$
$$\exists j=1,2,\cdots,M, \qquad f_j(\boldsymbol{x})<f_j(\boldsymbol{y}) \tag{2-2}$$

则称 $\boldsymbol{x}$ 相比 $\boldsymbol{y}$ 是帕累托占优的，记作 $\boldsymbol{x}\prec\boldsymbol{y}$，称为 $\boldsymbol{x}$ 支配 $\boldsymbol{y}$。

**定义 2-2（帕累托最优解集）**　假设 $\boldsymbol{x}^*\in\Omega$，若不存在 $\boldsymbol{x}\in\Omega$，使得 $\boldsymbol{x}\prec\boldsymbol{x}^*$，则称 $\boldsymbol{x}^*$ 为帕累托最优解。所有帕累托最优解组成帕累托最优解集（Pareto Optimal Set，POS）。

$$\text{POS}=\{\boldsymbol{x}^*\,|\,\nexists\boldsymbol{x}\in\Omega:\boldsymbol{x}\prec\boldsymbol{x}^*\} \tag{2-3}$$

**定义 2-3（帕累托最优前沿）**　所有帕累托最优解对应的目标向量组成的集合即为帕累托最优前沿（Pareto Optimal Front，POF）。

$$\text{POF}=\{F(\boldsymbol{x}^*)\,|\,\boldsymbol{x}^*\in\text{POS}\} \tag{2-4}$$

进一步地，以一个两目标优化问题为例，即 $M=2$，上述定义的示意图如图 2-1 所示。图中的一个点代表一个候选解在目标空间中的对应位置。在图 2-1a 中，根据定义（2-1），$\boldsymbol{x}\prec\boldsymbol{y}$，也就是说 $\boldsymbol{x}$ 支配 $\boldsymbol{y}$。在图 2-1b 中，POS 中的候选解对应的目标向量被标记为〇。在图 2-1c 中，黑色连线代表所有帕累托最优解对应的目标向量组成的光滑曲线，即 POF。

## 2.1.2　基于非支配排序的多目标进化算法

目前，大部分多目标进化算法利用帕累托支配关系判断候选解的优劣，其中最具代表性的是改进后的非支配排序遗传算法（Non-dominated Sorting Genetic Algorithm Ⅱ，NSGA-Ⅱ），又被称为快速精英多目标遗传算法。在遗传算法的基础上，NSGA-Ⅱ 使用了快速非支配排序方法加

速种群选择，基于个体拥挤距离选择算子保留种群多样性，精英策略选择算子帮助种群寻优。快速非支配排序方法通过记录每个候选解 $p$ 被支配的个数（$n_p$）以及每个候选解 $p$ 支配的候选解集合（$S_p$）来辅助快速排序的完成。在 $n_p$ 和 $S_p$ 的帮助下，每个解决方案只需要在每次迭代中与种群中的其他解决方案进行一次比较，确定支配关系即可。

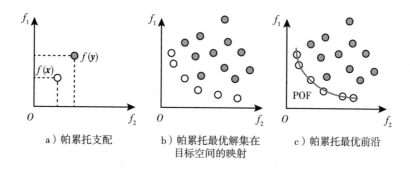

a）帕累托支配　　　b）帕累托最优解集在　　　c）帕累托最优前沿
　　　　　　　　　　　目标空间的映射

图 2-1　帕累托最优概念图解

### 1. NSGA-Ⅱ

NSGA-Ⅱ根据支配关系和个体拥挤距离选择优质父代产生子代，并保留精英个体，主要包括快速非支配排序和拥挤度计算两大步骤，NSGA-Ⅱ流程图如图 2-2 所示。

**1）快速非支配排序**：首先，快速非支配排序方法为每个个体计算两个变量：支配计数（$n_p$），即支配该个体的数量；该个体支配的集合（$S_p$）。首先，该方法通过循环比较找到所有 $n_p = 0$ 的个体，并将其放入第一层非支配前沿中。其次，对于第一层非支配前沿中的个体，使用快速非支配排序方法访问其支配集合中的每个个体，并将其支配数减少一个。在此过程中，如果有个体的 $n_p = 0$，则将其放入下一个非支配前沿。然后对下一个非支配前沿中的个体进行上述操作，并确定第三个非支配前沿。重复上述过程直到获得所有前沿。快速非支配排序算法的伪代码如算法 2-1 所示。

**2）拥挤度计算**：拥挤距离的计算要求根据每个目标函数值的大小以升序方式对种群进行排序，然后，对于每个目标函数，处于边界的个体（函数值最小和最大的个体）被分配一个无限距离值。所有其他中间个体的距离值等于相邻两个个体的目标函数值的绝对归一化差值。其他目标函数的计算也是如此。总体拥挤距离值是根据每个目标对应的单个距离值之和计算得出的。

### 2. 其他非支配排序方法

虽然帕累托支配关系能够帮助种群判断个体的优劣，但当目标个数增加时，这类方法的性能受到了严重的支配阻碍。在一个目标数为 $M$ 的多目标优化问题中，对于两个随机选择的候选

解 $x, y \in \Omega$，$x$ 支配 $y$ 的概率为 $\frac{1}{2^{M-1}}$。随着目标个数 $M$ 的增加，概率 $\frac{1}{2^{M-1}}$ 将呈指数式下降，这种现象称为支配阻碍（dominance resistance）。针对这个问题，学者们提出了多种多目标进化方法来提高区分两个候选解的概率。根据 Yaochu Jin 团队的归纳，这些方法可以分为以下三类。

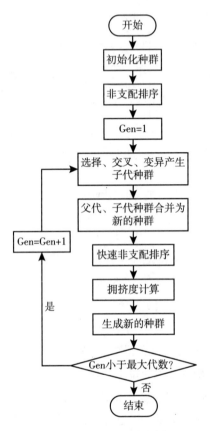

图 2-2　NSGA-Ⅱ流程图

---

**算法 2-1：快速非支配排序算法**

数据：种群 $P$

输出：帕累托前沿 $F_1$，$F_2$，$F_3$，…

1:　For each $p \in P$ do　//计算种群中所有个体的 $n_p$ 和 $S_p$

2:　　　$n_p = 0$

3:　　　$S_p = \emptyset$

4:　　　For each $q \in P$ do　//遍历种群获取支配信息

5:　　　　If $p < q$ then

6:　　　　　$S_p = S_p \cup \{q\}$

---

```
7:          Else if q<p then
8:              n_p = n_p +1
9:          End
10:     If n_p = 0 then   //若种群中不存在支配 p 的解，则将 p 加入最优帕累托前沿 F_1
11:         p_rank = 1
12:         F_1 = F_1 + {p}
13:     End
14:   End
15: End
16: i = 1
17: While F_i ≠ ∅ do   //根据 n_p 和 S_p 获取各个帕累托前沿
18:     Q = ∅
19:     For each p∈F_i  do
20:       For each q∈S_p do
21:           n_q = n_q -1
22:           If n_q = 0 then
23:               q_rank = i+1
24:               Q = Q∪{q}
25:           End
26:       End
27:     End
28:     i = i+1
29:     F_i = Q
30: End
```

**1）扩大可支配区域**：这类方法通过扩大支配区域来减缓选择压力，包括 $\alpha$-支配法、广义帕累托最优法以及控制支配区域法（Controlling Dominance Area of Solutions，CDAS）。以 CDAS 为例，它通过改变目标函数的定义控制支配区域的大小，修改如下：

$$f'_i(x) = \frac{\|f(x)\|\sin(w_i + S\cdot\pi)}{\sin(S\cdot\pi)}, i = 1,2,\cdots,M \tag{2-5}$$

其中，$f'_i(x)$ 是修改后的子目标函数，$\|f(x)\|$ 表示 $f(x)$ 的 L2 范数，$w_i$ 表示 $x$ 与第 $i$ 轴的偏角，$S\in[0.25,0.5]$ 是用于控制扩展度的参数。

**2）网格划分目标空间**：第二类方法通过将目标空间划分为网格放宽帕累托支配关系。在该类方法中，候选解 $x$ 的网络坐标 $g(x) = (g_1(x),g_2(x),\cdots,g_M(x))$ 可以按照下式计算

$$g_i(x) = \left[\frac{f_i(x) - lb_i}{d_i}\right] \tag{2-6}$$

其中，$lb_i$ 和 $d_i$ 请参考文献［85］进行计算。

**3）定义新的支配关系：**受到模糊逻辑、目标分解的影响，第三类方法通过重新定义标准判断支配关系，常见的算法有模糊支配、$(1-k)$-支配以及 $\theta$-支配。$\theta$-支配将两个候选解 $\boldsymbol{x}$、$\boldsymbol{y}$ 的支配关系重新定义如下

$$d_1(\boldsymbol{x},\boldsymbol{\lambda}) + \theta \cdot d_2(\boldsymbol{x},\boldsymbol{\lambda}) < d_1(\boldsymbol{y},\boldsymbol{\lambda}) + \theta \cdot d_2(\boldsymbol{y},\boldsymbol{\lambda}) \tag{2-7}$$

当且仅当上述公式得到满足时，$\boldsymbol{x}\theta$-支配 $\boldsymbol{y}$。其中，$\boldsymbol{\lambda}$ 是权重向量，$\theta$ 是惩罚系数，$d_1(\boldsymbol{x},\boldsymbol{\lambda})$ 和 $d_2(\boldsymbol{x},\boldsymbol{\lambda})$ 的计算请参考文献［86］。

为更好地说明上述几类方法，图 2-3 给出了双目标优化问题候选解可支配区域示意图。

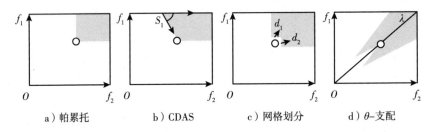

a）帕累托          b）CDAS          c）网格划分          d）$\theta$-支配

图 2-3    双目标优化问题候选解可支配区域示意图

## 2.1.3  基于分解的多目标进化算法

自从 2007 年 Zhang 和 Li 将分解这一策略引入多目标进化算法，基于分解的多目标进化算法（MOEA based on Decomposition，MOEA/D）已成为解决多目标优化问题最有效的方法之一，具有计算复杂度低以及邻域关系明确等特点。根据权重向量或偏好向量，MOEA/D 将多目标优化问题分解为若干个单目标优化子问题，并通过种群演化协同求解这些子问题。权重或者偏好是将帕累托近似最优问题转化为若干标量问题的载体，子问题的形式也会影响权重或偏好。在 MOEA/D 中常用的分解方法有加权和法、切比雪夫法和基于惩罚的边界交叉法。算法 2-2 给出了 MOEA/D 的详细过程。

---

**算法 2-2：MOEA/D 算法**

---

输入：子问题数目 $N$，权重向量的均匀分布 $\lambda_1, \lambda_2, \cdots, \lambda_N$，每个权重向量邻域内的权重向量数 $T$，空集 EP

输出：最优个体及其适应值

1：    /* 初始化 */

2：    计算任意两个权重向量之间的欧氏距离，然后计算出与每个权重向量最接近的权重向量集合。对于每个 $i=1$，$2,\cdots,N$，设 $B(i)=(i_1,i_2,\cdots,i_T)$，其中 $\lambda_{i_1},\lambda_{i_2},\cdots,\lambda_{i_T}$ 是与 $\lambda_i$ 欧氏距离最短的 $T$ 个向量。

---

3:　随机生成种群 $x_1, x_2, \cdots, x_N$，并计算适应值 $\mathrm{FV}_i = F(x_i)$

4:　找到每个目标函数的当前最优值并记为 $z = (z_1, z_2, \cdots, z_M)$

5:　/* 迭代更新 */

6:　While 停止条件没有满足：

7:　　For each $i = 1, 2, \cdots, N$：

8:　　　/* 生成子代 */

9:　　　从 $B(i)$ 中随机选择两个索引 $k$、$l$ 后使用遗传算子从 $x_k$、$x_l$ 生成解决方案 $y$。

10:　　　/* 改进 */

11:　　　使用修复方法改进 $y$，生成满足约束的 $y'$，并计算 $F(y')$

12:　　End

13:　　/* 更新 */

14:　　For each $j = 1, 2, \cdots, M$：

15:　　　If $z_j < f_j(y')$：

16:　　　　$z_j = f_j(y')$

17:　　　End

18:　　End

19:　　/* 更新邻居个体 */

20:　　For $j \in B(i)$：

21:　　　If $g^{\mathrm{te}}(y' \mid \lambda_j, z) \leqslant g^{\mathrm{te}}(x_j \mid \lambda_j, z)$：

22:　　　　$x_j = y', \mathrm{FV}_j = F(y')$

23:　　　End

24:　　End

25:　　/* 更新 EP */

26:　　从 EP 中删除所有被 $y'$ 支配的个体

27:　　如果 EP 中没有个体支配 $F(y')$，则将 $y'$ 添加进 EP

28:　End

**1）加权和法**（weighted sum approach）：加权和法将多目标优化问题看作不同目标的凸组合，使用子问题的加权和近似帕累托前沿。让 $\boldsymbol{\lambda} = (\lambda_1, \lambda_2, \cdots, \lambda_M)^{\mathrm{T}}$ 表示一组权重向量，其中 $\lambda_i > 0, i = 1, 2, \cdots, M$ 且 $\sum_{i=1}^{M} \lambda_i = 1$。加权和法将多目标优化问题表示为下述标量优化问题

$$\min_{x \in \Omega} g^{\mathrm{ws}}(x \mid \boldsymbol{\lambda}) = \sum_{i=1}^{M} \lambda_i \cdot f_i(x) \tag{2-8}$$

通过不同的权重向量，上述标量问题可以近似不同的帕累托最优解。但是，该方法仅能在凸问题上表现出良好的性能，在非凸问题上并不能近似所有帕累托最优解。

**2）切比雪夫法**（Tchebycheff approach）：相较于加权和法，切比雪夫法能够有效地获取非凸问题的帕累托最优前沿。该方法通过最大化每个单目标函数与参考点之间的切比雪夫距离逼近帕累托最优解。让 $z^* = (z_1^*, z_2^*, \cdots, z_M^*)^{\mathrm{T}}$ 表示参考点，$z_i^* = \min\{f_i\{x\} \mid x \in \Omega\}, i = 1, 2, \cdots, M$。切比雪夫法可将多目标优化问题转换为

$$\min_{x \in \Omega} g^{\text{tch}}(\boldsymbol{x} \mid \boldsymbol{\lambda}, \boldsymbol{z}^*) = \max_{1 \leqslant i \leqslant M} \left\{ \lambda_i \cdot \left| f_i(x) - z_i^* \right| \right\} \tag{2-9}$$

虽然切比雪夫法能够改善非凸多目标优化问题中子问题的分解效果，但是在连续多目标优化问题中其聚合函数并不平滑，且需要先验知识确定参考点。

**3) 基于惩罚的边界交叉法**（penalty-based boundary intersection approach）：为解决连续多目标优化问题，学者们设计了边界交叉法。该方法旨在找到最左边界与一组线段的交点，如图 2-4 所示。如果这些线在某种意义上是均匀分布的，那么就可以预期，由此产生的交点可以很好地近似整个帕累托前沿，也能够较好地处理非凸问题。

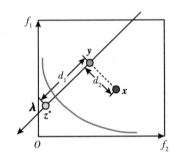

图 2-4　基于惩罚的边界交叉法示意图（$\boldsymbol{y}$ 为映射点）

$$\min_{x \in \Omega} g^{\text{pbi}}(\boldsymbol{x} \mid \boldsymbol{\lambda}, \boldsymbol{z}^*) = d_1 + \theta \cdot d_2$$

$$d_1 = \frac{\left\| (\boldsymbol{z}^* - F(\boldsymbol{x}))^{\text{T}} \cdot \boldsymbol{\lambda} \right\|}{\left\| \boldsymbol{\lambda} \right\|} \tag{2-10}$$

$$d_2 = \left\| F(\boldsymbol{x}) - (\boldsymbol{z}^* - d_1 \cdot \boldsymbol{\lambda}) \right\|$$

通过上式，基于惩罚的边界交叉法将多目标优化问题分解。参数 $\theta$ 表示惩罚系数，$\boldsymbol{y}$ 是 $F(\boldsymbol{x})$ 的投影，$d_1$ 是参考点与 $\boldsymbol{y}$ 之间的距离，$d_2$ 是 $F(\boldsymbol{x})$ 与 $\boldsymbol{y}$ 之间的距离。相较于切比雪夫法，该方法能够得到更加均匀分布的最优解，但对惩罚系数十分敏感。过大或过小的惩罚系数都会影响算法性能。

## 2.1.4　基于指标的多目标进化计算方法

一般来说，质量指标主要从解的多样性、帕累托前沿的收敛性以及覆盖范围三个方面评估解的质量，是衡量多目标进化算法生成的近似帕累托前沿的重要标准。除此之外，质量指标还促进了多目标进化算法选择机制的设计，并由此产生了基于指标的多目标进化计算方法（Indicator-Based MOEA，IB-MOEA）。基于指标的选择机制的主要思想是从所有个体中选择一个质量指标最优的个体的子集。根据不同指标的不同偏好，IB-MOEA 能够生成不同分布的帕累托近似最优解。

### 1. 常用指标

目前，有以下几种常用质量指标。

**1）超立方体积**（Hypervolume，HV）：让 $\Lambda$ 表示 $R^M$ 中的勒贝格度量（Lebesgue measure），那么 HV 可以通过下式计算得到

$$\mathrm{HV}(\mathcal{A}, z^*) = \Lambda\left( \bigcup_{a \in \mathcal{A}} \{x \,|\, a < x < z^*\} \right) \tag{2-11}$$

其中，$\mathcal{A}$ 是帕累托近似集，$z^*$ 是参考点。HV 考虑了 $\mathcal{A}$ 主导的目标空间的体积，可同时评估近似集的收敛性和覆盖范围。但是随着目标函数的增加，HV 的计算成本呈超级多项式增加，同时 HV 还需要先验知识确定参考点。

**2）R2 指标**：与 HV 指标不同，R2 指标是一个弱帕累托服从（Pareto compliance）指标，定义如下。

$$\mathrm{R2}(\mathcal{A}, W) = -\frac{1}{|W|} \cdot \sum_{w \in W} \max_{a \in \mathcal{A}} \{u_w(a)\} \tag{2-12}$$

其中，$W$ 是一组 $M$ 维的向量，由单纯形格子设计（simplex lattice design）方法生成，$u_w: R^M \rightarrow R$ 是一个标量化函数，为每一个解赋值。R2 指标的复杂度很低，仅为 $\Theta(m \cdot |W| \cdot |\mathcal{A}|)$。

**3）反转世代距离加强指标**（Inverted Generational Distance plus，IGD⁺）：Ishibuchi 等人提出的 IGD⁺是 IGD 的一种变体，在欧氏距离中采用了帕累托优势，具有弱帕累托服从性。

$$\mathrm{IGD}^+(\,, Z) = \frac{1}{|Z|} \sum_{z \in Z} \min_{a \in \mathcal{A}} d^+(a, z) \tag{2-13}$$

其中，$d^+(a, z) = \sqrt{\sum_{i=1}^{M} (\max\{a_i - z_i, 0\})^2}$，$Z$ 是所有参考点的集合。

由上可知，生成的帕累托近似最优解将继承选择机制中指导指标的相关特征。根据单一指标设计的 MOEA 性能将受到指标与问题的关系影响。为了克服这一问题，一些研究学者尝试同时使用多个指标指导 MOEA 选择机制的设计。这类方法被称为基于多指标的 MOEA（Multi-Indicator-Based MOEA，MIB-MOEA）。MIB-MOEA 使用其他指标的优势弥补某一指标的不足，从而降低由指标特征带来的影响。同时，多指标的组合为 MOEA 提供了其性能摆脱帕累托前沿形状限制的可能。

### 2. 基于超体积支配的多目标选择

基于超体积支配的多目标选择算法（S Metric Selection Evolutionary Multi-objective Optimisation

Algorithm，SMS-EMOA）是极具代表性的基于指标的多目标进化算法之一。它利用了非支配排序划分等级，并采用了超立方体积测量（S 度量）在各个体之间建立总序。

算法 2-3 中给出了 SMS-EMOA 的伪代码。首先，SMS-EMOA 初始化种群并开始迭代优化。在每一次迭代中，SMS-EMOA 通过变化产生新的个体 $q_{t+1}$。如果新的个体会使种群质量更高，那么新个体就会成为下一个种群的成员。在这个过程中，SMA-EMOA 根据新个体和旧种群（$Q = P_t \cup \{q_{t+1}\}$）的非支配排序结果和式（2-14）找出质量最差的个体，并删去该个体。

$$\triangle_{\mathcal{F}}(s, \mathcal{F}_v) = HV(\mathcal{F}_v) - HV(\mathcal{F}_v \backslash \{s\}) \tag{2-14}$$

---

**算法 2-3：SMS-EMOA**

---

输入：算法参数
输出：最优个体及其适应值
1:　$P_0 \leftarrow \text{init}()$, $t = 1$ //初始化种群
2:　Repeat：
3:　　$q_{t+1} = \text{generate}(P_t)$
4:　　$Q = P_t \cup \{q_{t+1}\}$
5:　　$\{\mathcal{F}_1, \mathcal{F}_2, \cdots, \mathcal{F}_v\} \leftarrow$ 对 $Q$ 进行非支配排序
6:　　$r \leftarrow \arg\min_{s \in \mathcal{F}_v} \{\triangle_{\mathcal{F}}(s, \mathcal{F}_v)\}$ //基于式（2-14）选择最差个体
7:　　$P_{t+1} \leftarrow Q \backslash \{r\}$
8:　　$t = t + 1$
9:　Until 终止条件达到

---

## 2.2　约束优化的进化计算方法

### 2.2.1　问题定义

约束优化问题（Constrained Optimization Problem，COP）是指在优化过程中，需满足一系列额外条件的一类问题。这些额外条件通常被称为约束条件，它们限制了问题的解空间。这些限制条件可能是实际问题中的物理约束、经济约束、技术约束等，例如，生产过程中的资源限制、生产能力限制、成本限制等。约束优化问题反映了实际问题的复杂性和多样性。在面对诸如资源稀缺、成本限制等挑战时，通过对问题进行约束优化，可以找到最优的解决方案，使得资源得到最有效利用，同时满足各种约束条件。例如，在制造业领域，生产计划以最大化利润为优化目标，以工厂生产能力和人力资源为约束；在物流领域，配送路线以最小化成本为优化目标，以满足各用户约定送达时间为约束；在金融领域，投资组合以最大化收益为优化目标，以资金预算等为约束。

一般地，一个包含 $m$ 个不等式约束与 $n$ 个等式约束的约束最小化问题可以定义为

$$\text{minimize } f(\boldsymbol{x}), \boldsymbol{x} \in \boldsymbol{S}$$
$$\text{s. t. } g_j(\boldsymbol{x}) \leqslant 0, j = 1, 2, \cdots, m$$
$$h_j(\boldsymbol{x}) = 0, j = 1, 2, \cdots, n \tag{2-15}$$

其中，$\boldsymbol{x} = [x_1, \cdots, x_D]$ 为 $D$ 维决策变量，其定义域为 $\boldsymbol{S} = \{[lb_1, ub_1], [lb_2, ub_2], \cdots, [lb_D, ub_D]\}$，其中，$lb_D$ 代表第 $D$ 维度的下界，$ub_D$ 代表第 $D$ 维度的上界。$f(\boldsymbol{x})$ 表示问题的最小化优化目标函数，$g_j(\boldsymbol{x})$ 代表第 $j$ 个不等式约束函数，$h_j(\boldsymbol{x})$ 代表第 $j$ 个等式约束函数。

在一个约束问题的定义域 $\boldsymbol{S}$ 内，满足所有约束条件的解被称为可行解；相反地，违反任意一个约束的解，都被称为不可行解。定义域内所有的可行解组成的空间 $\Omega \in \boldsymbol{S}$ 被称为优化问题的可行域，而所有不可行解组成的空间被称为不可行域。约束违反程度是衡量不可行解的一个常用指标，对于一个不可行解 $\boldsymbol{x}$，其约束违反程度 $v(\boldsymbol{x})$ 是所有不等式约束和等式约束的违反程度的累和，其被定义为

$$v(\boldsymbol{x}) = \sum_{j=1}^{m} \max\{g_j(\boldsymbol{x}), 0\} + \sum_{j=1}^{n} \max\{|h_j(\boldsymbol{x})| - \delta, 0\} \tag{2-16}$$

其中，$\delta$ 是等式约束的容忍程度，当一个解的等式约束函数值在 $[-\delta, \delta]$ 区间内时，可认为该解不违反此等式约束。

## 2.2.2　基于惩罚值的约束处理技术

基于惩罚值的约束处理技术被广泛应用于约束优化中，其主要思想是将解的约束违反程度构造为惩罚项加入优化目标函数中，从而将约束优化问题转为无约束优化问题。常用的惩罚函数包括静态惩罚函数、动态惩罚函数、死惩罚函数和自适应惩罚函数。

**1）静态惩罚函数**：静态惩罚函数的惩罚系数与进化代数、进化状态无关，其一般定义如下。

$$\text{fitness}(\boldsymbol{x}) = f(\boldsymbol{x}) + \alpha \sum_{i=1}^{m+n} r_i G_i(\boldsymbol{x}) \tag{2-17}$$

其中 $G_i(\boldsymbol{x}) = \begin{cases} \max\{g_i(\boldsymbol{x}), 0\}, & 1 \leqslant i \leqslant m \\ \max\{|h_{i-m}(\boldsymbol{x})| - \delta, 0\}, & m \leqslant i \leqslant m+n \end{cases}$

在上式中，$G_i(\boldsymbol{x})$ 代表解对于第 $i$ 个约束（包括等式和不等式约束）的违反程度，$r_i$ 表示算法对于第 $i$ 个约束的惩罚权重，$\alpha$ 表示惩罚系数。该惩罚函数内的参数 $\{\alpha, r_1, r_2, \cdots, r_{m+n}\}$ 都是预

先设置的，在优化过程中保持不变。

2) **动态惩罚函数**：动态惩罚函数的惩罚系数随着进化代数的变化而变化，Joines 等人提出了一种动态惩罚函数。

$$\text{fitness}(\boldsymbol{x}) = f(\boldsymbol{x}) + (Ct)^{\alpha} \sum_{i=1}^{m+n} \left[ G_i(\boldsymbol{x}) \right]^{\beta} \tag{2-18}$$

其中，$C$、$\alpha$、$\beta$ 均为动态惩罚函数的预设参数。一般地，参数 $\alpha$ 大于 0，以保证惩罚系数随着时间的增加而增大。这样的设置有利于优化算法在前期在整个定义域空间有更强的探索性，而在后期更加重视优化可行域内的解。

3) **死惩罚函数**：死惩罚函数将不可行解的惩罚项设置为无穷大，即

$$\text{fitness}(\boldsymbol{x}) = \begin{cases} \infty, & v(\boldsymbol{x}) > 0 \\ f(\boldsymbol{x}), & v(\boldsymbol{x}) = 0 \end{cases} \tag{2-19}$$

死惩罚函数具有较大的局限性，当进化算法的种群中不包含可行解时，所有个体得到的适应值均为无穷大，此时种群难以找到优化搜索方向。

4) **自适应惩罚函数**：自适应惩罚函数在惩罚项中考虑了优化算法的演化状态，适应性地调整惩罚系数。文献［96］在优化过程中周期性地比较种群中适应值最低的个体与约束违反度最低的个体。如果它们是同一个个体，则说明惩罚系数的设置是合适的；如果它们不是同一个个体，则调整惩罚系数，使得这两个个体的适应值相等。具体地，新的惩罚系数为 $\lambda(t+1) = \dfrac{f(\boldsymbol{x}_a) - f(\boldsymbol{x}_b)}{v(\boldsymbol{x}_b) - v(\boldsymbol{x}_a)}$，其中 $\boldsymbol{x}_a$ 和 $\boldsymbol{x}_b$ 分别代表种群中适应值最低的个体与约束违反度最低的个体，$v(\boldsymbol{x}_a)$ 和 $v(\boldsymbol{x}_b)$ 的定义式（2-16）所示。这样的做法可以使得种群中约束违反度最低的个体有着最低的适应值，进而促使种群往可行域的方向演化。此外，如果在某个优化阶段种群不包含不可行解，该算法则会降低惩罚系数。

## 2.2.3 基于可行性支配准则的约束处理技术

与惩罚函数法将目标函数和约束融合为一个适应值函数不同，可行性支配准则对种群的个体进行两两比较，得到个体之间的支配关系。在基础的可行性法则中，当满足以下三种情况之一时，则认为 $x_i$ 支配 $x_j$：$x_i$ 是可行解而 $x_j$ 是不可行解；$x_i$ 和 $x_j$ 均为可行解，且 $x_i$ 具有较小的目标函数值；$x_i$ 和 $x_j$ 均为不可行解且 $x_i$ 具有较小的约束违反度。可行性支配准则在进化计算中受到广泛的应用，这是由于大多进化计算方法可以依据个体之间的支配关系进行种群的演化，不需要明确的适应值或梯度。

为了更好地利用不可行区域中具有较好目标函数值的不可行解的信息，$\varepsilon$ 约束处理法在可行性支配准则中加入了约束违法程度容忍区间 $\varepsilon$，对于解 $x_i$ 和 $x_j$，分为以下两种情况确定支配关系：如果 $x_i$ 和 $x_j$ 的约束违反程度均小于 $\varepsilon$ 或二者的约束违反程度相等，则比较二者的目标函数值，目标函数值小的占优；在其他情况下，比较二者的约束违反程度，约束违反程度小的解占优。

## 2.2.4 基于多目标支配的约束处理技术

基于多目标支配的约束处理技术将约束优化问题转化为多目标无约束优化问题，进而使用多目标优化算法来优化。现有的工作中通常有两种做法，第一种是将优化目标函数和约束违反度函数定义为多目标优化问题的两个目标，第二种是将优化目标函数和每一个约束条件的约束违反度函数都视作多目标优化的目标。在这类方法中，种群的个体通过帕累托支配规则进行比较，对于两个个体 $x_i$ 和 $x_j$，只有当 $x_i$ 所有的目标函数值都小于或等于 $x_j$ 的函数值，且 $x_i$ 至少在一个目标上比 $x_j$ 有着更小的函数值时，可以认为 $x_i$ 支配 $x_j$。将约束优化问题转化为多目标优化问题后，可以基于多目标优化领域丰富的研究成果来设计有效的约束优化算法。

## 2.2.5 其他约束处理技术

上述约束处理技术允许算法在优化的中间过程中存在不可行解，然而，对于一些约束相对简单的问题来说，也可以在解的生成阶段即满足约束，以保证种群中只存在可行解。

构建式启发式算法逐维度地构造问题解，每确定一个问题变量的取值，剩余未确定变量的约束条件就会相应地改变。因此，对于构建式启发式算法，只要每一步都不违反当前约束条件，那么构建得到的解便是可行解。以旅行商问题为例，其问题约束是每个城市只被访问一次，且起点城市和终点城市相同。记问题的解 $x=(x_1,x_2,\cdots,x_D)$，所有城市的集合为 $S$，假设我们按照变量的索引顺序逐变量地构造解，那么当前 $k$ 个变量 $(x_1,x_2,\cdots,x_k)$ 已经确定时，对于第 $k+1$ 个变量，其约束条件为 $x_{k+1}\in S-\{x_1,x_2,\cdots,x_k\}$。由此可见，构建式启发式算法不需要同时考虑所有变量的约束满足条件。

修复技术是另一种常用的约束满足方法，常被用于生成式启发式算法。与构建式启发式算法不同，生成式启发式算法通过交叉、变异等遗传操作直接生成解向量，因此有可能生成不可行解。对于只涉及单一变量的约束条件，一个直接的思想是将其位于不可行域的变量取值修改为约束区间的边界；对于设计多个变量的约束条件，一些相关工作研究了如何将不可行解映射到可行域内的方法，例如，将不可行解投影到可行域内与之距离最近的解的位置。

## 2.3    昂贵优化的进化计算方法

### 2.3.1    问题定义

在生产实践中，很多优化问题的目标函数和约束值的计算（或评价）需要耗费大量的时间、资源或金钱等成本。例如，沃尔沃汽车动力系统公司进行一次内燃机耗油量的仿真测试，需要花费近 42 小时的时间；在奇瑞汽车股份有限公司的小汽车主动碰撞测试中，通过有限元分析对汽车前车身的结构进行 10 个设计变量的仿真优化，每次仿真大约需要 72 小时的时间。这类优化问题的特点是评价解决方案的成本昂贵甚至难以承担，因此被称为昂贵优化问题（Expensive Optimization Problem，EOP）。昂贵优化问题不仅出现在工程仿真优化领域，还存在于很多其他应用领域，比如机器学习中的超参数优化、生物医学中的药物设计、金融中的投资组合优化等。

对于单目标、无约束的昂贵最小化问题，其一般定义如式（2-20）所示。

$$\min_{x \in \mathcal{X}} f(x) \tag{2-20}$$

其中，$x$ 是待优化的决策变量，$\mathcal{X}$ 是决策变量的可行域，$f(x)$ 是昂贵的目标函数，其计算过程可能涉及耗时的仿真测试或高成本的物理实验等。对于 $x$ 的每一次评价，即 $f(x)$ 的计算，都需要耗费相当大的代价，因此昂贵优化问题的难点在于如何在有限的评价预算内找到最优（或近似最优）解。解决这一困难的关键在于设计高效的优化算法，以降低评价成本，提高搜索效率，从而能更有效地解决昂贵优化问题。

### 2.3.2    基于代理辅助的昂贵优化进化计算方法

当面对昂贵优化问题时，由于进化计算方法需要对大量个体进行评价，如果每次评价都需要花费相当长的时间或高昂的成本，那么算法的效率或性价比将受到严重影响，甚至可能无法在有限的评价预算内找到满意解。因此，直接采用传统进化计算方法来求解昂贵优化问题并不切合实际，需要采用一些改进策略以提高进化计算方法的性能和效率。

一种常见方法是基于代理辅助的进化算法（Surrogate-Assisted Evolutionary Algorithm，SAEA）。该方法的核心思想是利用历史数据构建代理模型来近似昂贵的目标函数，在演化过程中通过模型预测代替昂贵真实评价，从而降低真实评价的次数（或频率），加速进化过程。代理模型可以采用径向基函数、高斯过程、支持向量机等，这些模型能够根据已有的真实评价数据来拟合目标函数的特征，然后用于评价未知的个体。基于代理辅助的进化计算方法的示意图如图 2-5 所示，一般流程包括以下几个步骤。

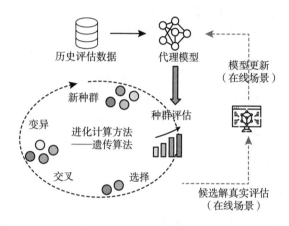

图 2-5　基于代理辅助的进化计算方法示意图

1) **初始化**：随机生成一个初始种群，并利用已有的历史评价数据构建代理模型，用于近似昂贵的目标评价函数。

2) **种群评价**：使用代理模型来评价当前种群中的每个个体的适应值（fitness）或排名，作为进化操作的依据。

3) **进化操作**：根据代理模型的评价结果，应用进化算法的基本操作，如选择、交叉、变异等，来产生新的个体，形成新的种群。

4) **真实评价（在线）**：根据一定的数据采样策略，从种群中挑选出有潜力个体进行昂贵的真实评价，将评价结果加入训练集，用于更新代理模型。采样策略可以是基于当前最优个体的、基于多样性的、基于不确定性的、基于预期改进的等。

5) **更新代理（在线）**：使用更新后的历史评价数据集，重新构建或调整代理模型，提高其准确性和适应性。

6) **执行循环**：重复步骤 2 到步骤 5，直到满足预设的终止条件，如最大真实评价次数、最大迭代次数、最优解质量等。

在基于代理辅助的进化算法中，根据数据的来源和收集方式，可以分为离线场景和在线场景。离线场景指的是在优化过程开始之前，已经积累了一定数量和质量的历史评价数据，而在优化过程中无法进行真实评价以获得新数据。在这种情况下，代理模型的构建和管理面临数据不完整、不平衡、有噪声或数据量不足等问题，这些因素会影响代理模型的准确性。因此，在离线场景中通常需要采用数据预处理、数据挖掘和合成数据生成等策略，以提升数据的质量和有效性，从而增强代理模型的性能。离线场景的核心问题在于如何在有限数据情景中构建和管理高质量的代理模型，以指导进化搜索。

在线场景则允许在优化过程中进行真实评价，以获取新数据（步骤4），数据的数量和质量会动态变化，因此代理模型也需要随之进行动态更新（步骤5）。在这种情况下，代理模型的更新和维护必须考虑数据的变化，以避免过拟合或欠拟合，并控制计算成本。因此，在在线场景中，需要采用新的数据采样策略，如基于多样性、基于不确定性、基于预期改进等，来选择有价值的数据进行真实评价，从而实现代理模型的更新。相比于离线场景，在线场景更关注于如何设计合适的新数据采样策略，以及如何平衡代理模型的更新频率和精度，以提高进化搜索的效率和质量。

### 2.3.3    代理模型选择

代理模型选择是代理辅助优化中的一个关键步骤，涉及如何在多种可能的代理模型中，选择一个能够最好地近似真实目标函数的模型。代理模型选择的目标是在保证代理模型的精度和稳定性的同时，尽量降低代理模型的复杂度和计算开销。代理模型选择的约束是代理模型的构建和更新需要在有限的时间和资源内完成，且代理模型的误差不能超过预设的容忍范围。

在基于代理辅助的进化计算方法中，常用的代理模型主要有以下几种。

#### 1. 径向基函数网络（Radial Basis Function Network，RBFN）

RBFN 是一种单隐藏层的前馈神经网络，由一个输入层、一个隐藏层和一个输出层组成，其结构如图 2-6 所示。RBFN 的隐藏层通过径向基函数进行建模，通过对输入向量进行非线性变换，将低维输入数据映射到高维空间中，使得原本在低维空间内线性不可分的问题在高维空间中变得线性可分，提高网络对复杂函数的拟合能力。RBFN 的数学表示如式（2-21）所示。

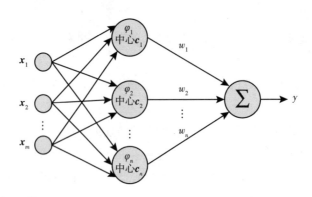

图 2-6    径向基函数网络结构示意图

$$y(\boldsymbol{x}) = \sum_{i=1}^{n} w_i \varphi(\|\boldsymbol{x} - \boldsymbol{c}_i\|) \tag{2-21}$$

其中，$\boldsymbol{x}$ 表示输入向量（维度是 $m$），$y(\boldsymbol{x})$ 表示输出标量，$n$ 为隐藏层神经元总数，$w_i$ 为权重系数，$\boldsymbol{c}_i$ 是第 $i$ 个隐藏层神经元的中心向量，$\varphi(\|\cdot\|)$ 表示基函数，其中 $\|\cdot\|$ 一般取 L2 范数，即欧氏距离，由于距离是径向同性的，因此称为径向基函数。径向基函数的形式可以有多种选择，如高斯函数、多项式函数、反常 S 型函数等。其中，高斯函数是最常用的一种，其形式如式（2-22）所示。

$$\varphi(\|\boldsymbol{x} - \boldsymbol{c}_i\|) = \exp\left(-\frac{1}{2\sigma_i^2}\|\boldsymbol{x} - \boldsymbol{c}_i\|^2\right) \tag{2-22}$$

其中，$\sigma_i$ 表示高斯函数的宽度参数，决定了径向基函数的作用范围。$\sigma_i$ 越小，其影响越集中在中心点 $\boldsymbol{c}_i$ 附近，反之则越分散。

RBFN 需要求解的网络参数有三个，基函数的中心 $\boldsymbol{c}_i$、方差 $\sigma_i$ 以及隐藏层到输出层的权值 $w_i$。根据基函数选取中心方法的不同，RBFN 有多种学习方法。下面重点介绍自组织选取中心的 RBFN 学习法。此方法由自组织学习阶段和监督学习阶段两个阶段组成。

自组织学习阶段为无监督学习过程，求解隐藏层基函数的中心与方差。首先通过 $k$-means 聚类的方法获得基函数的中心 $\boldsymbol{c}$，然后根据中心之间的距离求解方差 $\sigma$。具体步骤如下。

1）随机初始化 $n$ 个中心点 $\boldsymbol{c}_1, \boldsymbol{c}_2, \cdots, \boldsymbol{c}_n$，其中 $n$ 为预设的隐藏层神经元总数。

2）对于每个训练样本 $\boldsymbol{x}$，计算其与各个中心点的欧氏距离，并将其划分到最近的中心点所在簇。

3）对于每个簇，重新计算其中心点为该簇内所有样本的均值。

4）重复步骤 2 和 3，直到中心点不再发生变化或达到最大迭代次数。

5）计算中心点之间的最大欧氏距离 $d_{\max}$，计算方差 $\sigma_i = \dfrac{d_{\max}}{\sqrt{2n}}$，$i = 1, 2, \cdots, n$。

监督学习阶段通过最小二乘法直接计算隐藏层到输出层之间的权值。具体步骤如下。

1）对于每个训练样本 $\boldsymbol{x}_j$，计算其对应的隐藏层输出 $\boldsymbol{z}_j$，即 $\boldsymbol{z}_j = [\varphi(\|\boldsymbol{x}_j - \boldsymbol{c}_1\|), \varphi(\|\boldsymbol{x}_j - \boldsymbol{c}_2\|), \cdots, \varphi(\|\boldsymbol{x}_j - \boldsymbol{c}_n\|)]^{\mathrm{T}}$。

2）将所有训练样本的隐藏层输出组成矩阵 $\boldsymbol{Z} = [\boldsymbol{z}_1, \boldsymbol{z}_2, \cdots, \boldsymbol{z}_N]^{\mathrm{T}}$，其中 $N$ 为训练样本的数量。

3）将所有训练样本的标签组成向量 $\boldsymbol{Y} = (y_1, y_2, \cdots, y_N)^{\mathrm{T}}$。

4）用最小二乘法求解隐藏层到输出层的权值 $\boldsymbol{W}$，即 $\boldsymbol{W} = (\boldsymbol{Z}^{\mathrm{T}}\boldsymbol{Z})^{-1}\boldsymbol{Z}^{\mathrm{T}}\boldsymbol{Y}$。

在基于代理辅助的进化算法的设计中，出于降低训练复杂度、提高代理模型表达能力和适应性等考虑，可能会省略基于 $k$-means 聚类的中心点学习，而直接从训练样本中选择最具代表性的中心点，或直接以每个训练样本作为中心点，以简化 RBFN 的建模过程。

RBFN 作为代理模型具有以下几项优势。

- 局部逼近的特性：RBFN 借助径向基函数在输入空间中的局部逼近特性，能够有效捕捉复杂问题中的局部特征。这使得 RBFN 在处理复杂、非线性任务时表现出色。

- 形式简单，训练高效：RBFN 的形式简单使其易于实现，且具有高效的训练过程。这一特点使得 RBFN 在实际应用中具有较高的实用性和易操作性。

- 灵活多样：RBFN 通过选择适当的基函数和训练方式，能够根据问题的特点进行灵活调整，从而更好地适应不同类型的数据。这种灵活性为 RBFN 的广泛应用提供了更多可能性。

综上所述，RBFN 以其局部逼近、形式简单、训练高效以及灵活多样的特点，广泛应用于基于代理辅助的进化计算方法的设计，为解决实际昂贵优化问题提供了可靠的建模选择。

### 2. 高斯过程（Gaussian Process，GP）

GP 是概率统计学中随机过程（Stochastic process）的一种特殊实例。GP 的应用可以追溯到 20 世纪 70 年代，当时 GP 被用于解决统计地质学中的回归问题，被命名为克里金模型（Kriging model）。20 世纪 90 年代，GP 被引入机器学习中的贝叶斯神经网络中，从而变得流行起来。GP 的定义是基于连续域上的无限多个高斯随机变量构成的随机过程。简而言之，GP 可被视为无限维的高斯分布，是多元高斯分布的扩展形式，对于任意有限个点，其函数值服从一个多元高斯分布。GP 的数学定义如式（2-23）所示：

$$f(\boldsymbol{x}) \sim \mathcal{GP}(\mu(\boldsymbol{x}), k(\boldsymbol{x}, \boldsymbol{x}')) \tag{2-23}$$

具体而言，在 $m$ 维空间 $R^m$ 上的任意有限个样本点 $\boldsymbol{x}_1, \boldsymbol{x}_2, \cdots, \boldsymbol{x}_n \in R$，若其函数值组成的 $n$ 维向量 $(f(\boldsymbol{x}_1), f(\boldsymbol{x}_2), \cdots, f(\boldsymbol{x}_n))$ 均服从 $n$ 元高斯分布，则 $\{f(\boldsymbol{x})\}$ 构成一个高斯过程。GP 由均值函数 $\mu(\cdot)$ 和协方差函数 $k(\cdot, \cdot)$ 共同唯一决定其表达式。对比于高斯分布可以被均值和方差共同唯一决定，多元高斯分布可以被均值向量和协方差矩阵共同唯一决定，高斯过程需要用函数的形式描述连续域上样本点的均值和方差。协方差函数也被称为核函数（kernel function），因为它捕捉了样本点之间的相关性，并将这种相关性反映在对新样本点的预测中。

GP 的训练方式基于贝叶斯推理，利用先验分布和观测数据来计算后验分布，以获得对新样本点的预测均值和方差。具体步骤如下。

**1）选择核函数**：核函数的选择对于 GP 模型的性能至关重要，其定义了样本点之间的相关性。常用的核函数包括平方指数、高斯核函数、Matern 核函数等。以常用的高斯核函数为例，其一般形式如式（2-24）所示。

$$k(\boldsymbol{x},\boldsymbol{x}') = \sigma^2 \exp\left(-\frac{\|\boldsymbol{x}-\boldsymbol{x}'\|^2}{2l^2}\right) \tag{2-24}$$

其中，参数 $\sigma$ 和 $l$ 分别用于描述核函数的可微性和控制特征尺度，共同影响样本点之间的相关性。

2）**构建训练集**：收集训练样本，包括输入 $\boldsymbol{x}_i$ 和对应的输出 $\boldsymbol{y}_i$，形成训练集 $\mathcal{D} = \{(\boldsymbol{x}_i, \boldsymbol{y}_i)\}_{i=1}^n$。

3）**计算协方差矩阵和后验分布**：利用训练集 $\mathcal{D}$ 和选定的核函数，计算训练集的协方差矩阵 $\boldsymbol{K}$。然后，通过先验分布（均值函数设为 $\mu(\boldsymbol{x})=0$）和观测数据计算后验分布，定义新样本点的预测均值和方差函数。具体计算公式如式（2-25）和式（2-26）所示。

$$\mu^*(\boldsymbol{x}) = \boldsymbol{k}(\boldsymbol{x})^{\mathrm{T}}\boldsymbol{K}^{-1}\boldsymbol{y} \tag{2-25}$$

$$k^*(\boldsymbol{x}) = k(\boldsymbol{x},\boldsymbol{x}) - \boldsymbol{k}(\boldsymbol{x})^{\mathrm{T}}\boldsymbol{K}^{-1}\boldsymbol{k}(\boldsymbol{x}) \tag{2-26}$$

式（2-25）和式（2-26）中的 $\mu^*(\cdot)$ 和 $k^*(\cdot)$ 分别表示条件分布下后验高斯过程的均值函数和核函数形式。其中，$\boldsymbol{k}(\boldsymbol{x})$ 是新样本点 $\boldsymbol{x}$ 与训练集中所有样本点的协方差向量，如式（2-27）所示。

$$\boldsymbol{k}(\boldsymbol{x}) \triangleq [k(\boldsymbol{x},\boldsymbol{x}_1),k(\boldsymbol{x},\boldsymbol{x}_2),\cdots,k(\boldsymbol{x},\boldsymbol{x}_n)]^{\mathrm{T}} \tag{2-27}$$

$\boldsymbol{K}$ 是训练集的协方差矩阵，其中 $K_{ij}=k(\boldsymbol{x}_i,\boldsymbol{x}_j)$，$\forall i,j \in [1,n]$，$\boldsymbol{y}$ 是训练集的标签向量。

4）**计算预测值**：根据后验分布，生成新样本点的预测值 $f(\boldsymbol{x})$，它也是一个服从高斯分布的随机变量，$\varepsilon(\cdot)$ 是其噪声项，具体计算公式如式（2-28）所示。

$$f(\boldsymbol{x}) = \mu^*(\boldsymbol{x}) + \varepsilon(\boldsymbol{x}), \varepsilon(\boldsymbol{x}) \sim \mathcal{N}(0,k^*(\boldsymbol{x})) \tag{2-28}$$

使用 GP 作为代理模型有以下优点。

- 不确定性建模：GP 支持对预测的不确定性进行建模，通过提供预测点的方差，生成可靠的置信区间。这使得模型的预测更加可靠，尤其在对不确定性敏感的应用中具有优势。

- 复杂数据拟合：GP 能够有效拟合非线性和复杂的数据，这得益于其能选择不同的核函数来描述样本点之间的相关性，例如高斯核函数可以确保高斯过程的平滑性。

然而，使用 GP 作为代理模型也有如下限制。

- 计算复杂度高：高斯过程是非参数模型，每次推断都需要对所有数据点进行矩阵求逆，时间复杂度较高，特别是在处理大数据集时不够高效。

- 适用性受限：高斯过程回归的先验和似然都基于高斯分布，适用性受限于数据的分布特性。在处理不符合高斯分布假设的问题，例如分类任务时，需要对后验进行近似处理以保持高斯过程的形式。

总体而言，高斯过程作为代理模型在拟合效果、不确定性建模等方面表现出色，因此也被广泛用于基于代理辅助的进化计算方法的设计中。但在处理大数据集和非高斯分布问题上，高斯过程面临计算复杂度高和适用性受限的挑战。在应用中，核函数的选择也需要谨慎，以确保模型对特定问题有良好的适应性。

### 3. 多项式回归（Polynomial Regression，PR）

PR 是一种用于逼近任意阶多维输入数据的方法，它通过多项式函数来拟合数据。PR 的数学表达如式（2-29）所示。

$$y = \sum_{j=1}^{m} C_j \boldsymbol{x}^{\varepsilon_j} \tag{2-29}$$

考虑数据集 $\{(\boldsymbol{x}_i, y_i)\}_{i=1}^{n}$，其中 $\boldsymbol{x}_i$ 是样本向量，$y_i$ 是对应的目标评价值，$\boldsymbol{x}_i = (x_{i_1}, x_{i_2}, \cdots, x_{i_d})$，$d$ 表示问题的维度。对于每个样本，有 $y_i = f(\boldsymbol{x}_i) = f(x_{i_1}, \cdots, x_{i_d})$。定义包含 $d$ 个正整数的指数向量 $\boldsymbol{\varepsilon} = (\pi_1, \pi_2, \cdots, \pi_d)$，并将 $x_i^\varepsilon$ 的计算定义为如式（2-30）所示。

$$\boldsymbol{x}_i^{\boldsymbol{\varepsilon}} = (x_{i_1}^{\pi_1}, x_{i_2}^{\pi_2}, \cdots, x_{i_d}^{\pi_d}) \tag{2-30}$$

给定一组指数向量 $\boldsymbol{\varepsilon}_1, \boldsymbol{\varepsilon}_2, \cdots, \boldsymbol{\varepsilon}_m$ 和数据集 $\{(\boldsymbol{x}_i, y_i)\}_{i=1}^{n}$，则可通过最小二乘法的方式计算待估计的系数向量 $\boldsymbol{C}_1, \boldsymbol{C}_2, \cdots, \boldsymbol{C}_m$。

PR 的优势在于其能够灵活适应不同阶次的数据，从而更好地拟合复杂函数。其在基于代理辅助的进化算法中的应用可以参见文献［106］。然而，需要注意的是，过高阶数的多项式可能会导致过拟合问题。因此，在应用多项式回归时，需要谨慎选择合适的阶数，以平衡模型的复杂性和泛化能力。

### 4. 支持向量机（Support Vector Machine，SVM）

SVM 是一种基于间隔最大化的分类和回归模型，它通过核函数将低维数据映射到高维空间，从而实现线性或非线性的拟合。SVM 的数学表达如式（2-31）所示。

$$y = \sum_{i=1}^{n} \alpha_i y_i k(\boldsymbol{x}, x_i) + b \tag{2-31}$$

其中，$\boldsymbol{x}$ 是模型的输入向量，$y$ 是模型输出，$\alpha_i$ 是拉格朗日乘子，$y_i$ 是训练数据的输出标签，$k(\boldsymbol{x}, x_i)$ 是核函数，$b$ 是偏置项。

SVM 的原理是通过最优化问题来确定拉格朗日乘子和偏置项，使其能够最大化地分割训练数据的类别或者拟合训练数据的回归曲线。SVM 要在特征空间中寻找一个最优的超平面，使得该超平面能够将不同类别的数据点分开，且使得两类数据点离超平面的距离（即间隔）最大。这样的超平面称为最大间隔超平面（maximum margin hyperplane），而距离超平面最近的数据点称为支持向量（support vector），因为它们支撑了最大间隔超平面的位置。支持向量机的名称就来源于此。

　　SVM 的优点是可以解决小样本下的模型学习问题，具有较强的泛化能力，不易受噪声影响，具有良好的鲁棒性，而且最终决策函数只由少数的支持向量所确定，计算复杂度与样本空间的维数无关，避免了维数灾难。其缺点则是当观测样本较多时需要较长的训练时间，效率不高，而且对核函数的选择和惩罚参数的调节比较敏感，需要仔细的调参过程。

### 5. 模型选择原则

　　除了上述模型外，近年来一些学者也提出采用分类器甚至大语言模型等来作为昂贵优化评估的代理模型。在基于代理辅助的进化计算方法中，选择合适的代理模型是一个关键的决策，因为不同的问题可能对代理模型有不同的要求。以下是一些基于代理辅助的进化计算方法中选择代理模型的参考原则。

- 问题特性和复杂性：考虑问题的特性，例如问题是否具有高度非线性、高维度、噪声等特点。对于较复杂问题，可能需要更强大的代理模型。对于较简单问题，可以选择计算效率较高的代理模型，如径向基函数网络（RBFN）。
- 计算成本：考虑代理模型的训练和评价成本。一些代理模型可能需要更多的计算资源，而进化计算算法可能需要多次调用并更新代理模型。确保代理模型的计算成本与进化计算方法的计算资源相匹配。
- 模型可解释性：有时候，模型的可解释性是一个关键的考虑因素。如果模型的可解释性对于问题理解或决策制定至关重要，选择支持解释性较好的代理模型，如支持向量机。
- 鲁棒性：选择对噪声或不确定性具有较好鲁棒性的代理模型。高斯过程通常能够较好地处理噪声，而支持向量机也具有一定的鲁棒性。
- 可扩展性：考虑代理模型在问题规模扩大时的性能表现。一些模型可能在高维度或大规模问题上表现更好。
- 先验知识：如果有关于问题的先验知识，可以利用这些知识来选择更合适的代理模型。

　　根据具体的问题特点和应用场景，可以综合考虑以上因素，选择最合适的代理模型来辅助进化计算。实际应用中可能需要进行一些实验和比较，以确定最优的代理模型选择。

## 2.3.4　代理模型管理

　　代理模型管理是基于代理辅助的进化计算方法的重要组成部分，涉及如何有效构建和维护代理模型，以提升其在优化过程中的有效性和适应性。一般来说，代理模型的管理主要包括三个过程：数据处理、模型构建和模型更新。

1）**数据处理策略**：数据处理旨在构建合适的用于模型训练的高质量数据集，包括数据的清洗、选择和扩充等操作。数据清洗操作是为了消除数据中的异常值、缺失值等，提高数据的质量和可信度，其方法一般有删除、插补、平滑和规范化等。数据选择是为了减少数据冗余，其方法一般有样本选择、特征选择、数据降维等。数据扩充是为了增加数据的多样性，克服训练数据不足的问题，其方法一般有数据生成、数据增强等。

2）**模型构建策略**：在选择模型构建策略时，除了可以从常见的代理模型方案中进行选择（详见3.3.3节），还存在一些专为特定问题设计的方案。例如，在面对大规模优化问题时，可以考虑采用基于梯度提升分类器（Gradient Boosting Classifier，GBC）的分层粒子群优化算法，该方法有效提升了代理模型的准确性和鲁棒性。此外，模型的构建还存在许多关于代理模型集成方法的设计思路。以文献［109］为例，该研究提出了一种基于主动学习策略的代理集成策略，用于提升代理的性能。另外，文献［110］阐述了基于集成学习的代理模型管理策略，该策略能够自适应地选择少量但多样化的代理模型，从而提高拟合精度。

3）**模型更新策略**：模型更新策略是指在在线优化场景中，如何根据优化过程中的反馈信息，对代理模型进行有效的维护和调整，以提高优化性能的过程。随着进化优化的推进，种群的演化持续地改变其关注的图景（landscape），因此代理模型也需要随之迭代，以提升其适应性。这一过程主要包括新数据样本的采样、真实评价的执行，以及代理模型的更新等操作。对于新数据样本的采样，主要是为了从种群中选择一些个体进行真实评价，从而获得新的数据样本，用于更新代理模型。采样策略有很多，一般以种群当前最优个体为首选，以保证代理模型在当前最优区域的精度；另外还有基于多样性、不确定性、预期改进等指标的采样策略，以保证代理模型在全局范围的探索能力。对于真实评价的执行，需要考虑评价的代价和效果，以及评价的时机与频率。一种方案是在每一代结束后进行一次真实评价，以保证代理模型的及时更新；有的方案考虑在满足一定条件后进行一次真实评价，以保证代理模型的有效更新，对于代理模型的更新，需要考虑模型更新的方法；有的方案采用增量学习的方式在原有模型的基础上进行更新，以保证模型更新的效率，然而这种方式容易导致更新停滞，因为每次更新的数据量有限。最为常见的方案是通过调整训练集，以重新训练的方式更新代理模型，保证模型得到完全更新。

## 2.4　高维大规模优化的进化计算方法

### 2.4.1　问题定义

随着社会经济的持续发展和信息技术的升级迭代，我们对生产生活中产生的各类数据进行获取、存储、处理的需求正在不断增长，相应的能力也在逐步增强。这使得具有众多决策变量的高维大规模优化问题在如今的大数据时代变得越来越普遍。

高维大规模优化问题的主要挑战在于：当问题决策变量的数量增加时，优化问题的搜索空间的规模会随之呈现指数级增长，使得传统优化算法性能迅速恶化，难以高效地在搜索空间中获得问题的最优解或较优解。这种现象被称为"维度灾难"（curse of dimensionality）。具体而言，高维大规模优化问题对进化计算方法的求解效果和求解效率两方面都带来了巨大挑战。

在求解效果方面，随着搜索空间规模的指数级增长，传统进化计算方法在其中搜索到全局最优解的难度也急剧上升。与此同时，搜索空间中的局部最优的数量也随着搜索空间规模的指数级增长而大幅增加，导致传统进化计算方法更容易陷入局部最优而难以找到全局最优解。此外，高维大规模优化问题还会对传统进化计算方法解的编码、约束处理、参数设置等诸多方面造成影响，从而使得算法的求解效果变差。

在求解效率方面，随着决策变量数量的增加，进化计算方法中每个个体的每次适应值评价的开销也随之变大，需要更长的时间来完成个体的适应值评价。与此同时，在规模呈指数级增长的搜索空间中，进化计算方法往往需要进行更多的适应值评价才能获得令人满意的解。上述两个问题的叠加使得传统进化计算方法的在求解高维大规模优化问题时的求解时长增加、求解效率降低。

因此，如何为求解高维大规模优化问题设计有效且高效的进化计算方法，已经成为进化计算研究领域中的热点和难点。在现有的方法中，求解高维大规模优化问题的进化计算方法主要分为以下两类：基于整体演化的高维大规模优化的进化计算方法，以及基于分解的高维大规模优化的协同进化计算方法。下面将对这两类方法进行介绍。

## 2.4.2　基于整体演化的高维大规模优化的进化计算方法

基于整体演化的高维大规模优化的进化计算方法与传统进化计算方法类似，将优化问题的所有决策变量视为整体进行优化。但为了高效求解高维大规模优化问题，基于整体演化的高维大规模优化的进化计算方法在传统进化计算方法的基础上，通过引入自适应参数控制机制、设计高效进化算子、进化迁移优化等诸多方式，提升进化计算方法求解高维大规模优化问题的性能。本节将选取部分具有代表性的改进手段，对现有的基于整体演化的高维大规模优化的进化计算方法进行介绍。

1）**自适应参数控制**：对于进化计算方法而言，某些重要参数的设置会对算法的探索性和收敛性产生影响。因此，在进化计算方法中引入自适应参数控制机制，使其能根据自身在优化过程中所处的状态设置合适的参数，从而对算法的探索性和收敛性进行自适应调整，是一种直接且较为有效的求解高维大规模优化问题的方式。具体而言，进化计算方法可以通过对优化问题的图景进行检测或对全局最优解的更新情况进行记录等方式，实现对当前优化状态的感知，并根据获取到的信息，自适应地对算法的运行参数和种群规模等重要参数进行调整。自适应参数控制策略的引入，更好地平衡了进化计算方法在高维大规模优化问题中的探索性与收敛性，提升了进化计算方法求解高维大规模优化算法的性能。

**2）高效进化算子**：进化算子是进化计算方法的重要组成部分，在很大程度上决定了进化计算方法的性能。针对高维大规模优化问题，为传统进化计算方法引入或设计高效的进化算子，让进化计算方法获得更强的搜索能力和更高的搜索效率，是求解高维大规模优化问题的一种重要手段。具体而言，进化计算方法可以为传统进化计算方法引入新的进化算子，例如：可以在粒子群优化算法中引入变异算子，提升算法性能；也可以通过在进化算子中引入竞争学习、社会学习、分层学习等新机制，对传统进化计算方法中的进化算子进行改进；还可以通过在进化算子中引入自适应机制，让进化计算方法自适应地选择最合适的进化算子。高效进化算子使得进化计算方法能够更好地在高维空间进行搜索，从而提升进化计算方法求解高维大规模优化问题的性能。

下面以竞争粒子群优化（Competitive Swarm Optimizer，CSO）和层次学习粒子群优化（Level-Based Learning Swarm Optimizer，LLSO）为例，介绍高效进化算子在基于整体演化的高维大规模优化的进化计算方法中的应用。

CSO 通过引入竞争学习机制来提高粒子群优化算法在大规模高维问题中的搜索多样性和效率。CSO 的特征是竞争学习，即通过让种群中的个体进行竞争，让败者向胜者学习。具体而言，在 CSO 的第 $t$ 次迭代的第 $k$ 轮竞争中，从当前种群中不放回地随机抽取出两个个体。两者中适应值较大的个体被记为胜者 $w$，适应值较小的个体被记为败者 $l$，胜者将被直接保留到下一代种群，败者则需要根据式（2-32）和式（2-33），基于胜者位置信息 $X_{w,d}$ 和相关个体平均位置信息 $\overline{X}_k(t)$，对自身速度 $V_{l,k}$ 和位置 $X_{l,k}$ 进行更新。其中，$d$ 表示速度和位置信息的第 $d$ 维，$r_1$、$r_2$、$r_3$ 为三个从 $[0,1]$ 均匀分布中随机生成的随机数，$\varphi$ 为控制参数。相较于传统的全局粒子群优化算法，竞争学习机制能够让粒子群中的每个个体从更多的粒子中进行学习，增加了种群的探索性；保留胜者、更新败者的机制也保证了种群的收敛性。

$$V_{l,k}^d(t+1) = r_1 V_{l,k}^d(t) + r_2(X_{w,k}^d(t) - X_{l,k}^d(t)) + \varphi r_3(\overline{X_k^d}(t) - X_{l,k}^d(t)) \tag{2-32}$$

$$X_{l,k}^d(t+1) = X_{l,k}^d(t) + V_{l,k}^d(t+1) \tag{2-33}$$

LLSO 则通过引入层次学习机制来提高粒子群优化算法在大规模高维问题中的搜索多样性和效率。LLSO 的特征是层次学习，即通过对种群进行分层，让层次低的个体向层次高的个体学习。具体而言，LLSO 首先根据粒子的适应度进行种群中的 NP 个粒子按降序排列，然后将种群均匀的分为 NL 层。因而种群的第一层中包含了最优的 NP/NL 个粒子，而第 NL 层中包含了最差的 NP/NL 个粒子。位于第一层的个体将直接保留到下一代，而位于 2~NP 层中的个体则需要根据分层学习机制更新速度和位置信息。在分层学习机制中，位于第 $i$ 层的第 $j$ 个个体需要从比自身更高的任意两个层级 $rl_1$ 和 $rl_2$（$rl_1 > rl_2 > i$，若 $i = 2$，则 $rl_1 = rl_2 = 1$）中各随机选取一个粒子，这两个粒子的速度分别被表示为 $X_{rl_1, k_1}$ 和 $X_{rl_2, k_2}$，然后根据式（2-34）和式（2-35）对自身速度 $V_{i,j}$ 和位置 $X_{i,j}$ 进行更新。其中，$d$ 表示速度和位置信息的第 $d$ 维，$r_1$、$r_2$、$r_3$ 为三个从 $[0,1]$ 均匀分布中随机生成的随机数，$\varphi$ 为控制参数。相较于传统的全局粒子群优化算法，LLSO 通过分层学习机制，让粒子能够从更多的"邻近"的优秀个体而非只从全局最优个体进行学习，提升了算法的探索性和收敛性。

$$V_{i,j}^d(t+1) = r_1 V_{i,j}^d(t) - r_2 (X_{rl_1, k_1}^d(t) + X_{i,j}^d(t)) + \varphi r_3 (X_{rl_2, k_2}^d(t) - X_{i,j}^d(t)) \tag{2-34}$$

$$X_{i,j}^d(t+1) = X_{i,j}^d(t) + V_{i,j}^d(t+1) \tag{2-35}$$

对上述式（2-32）的竞争学习机制及式（2-34）的层次学习机制进行动力学系统分析，均发现这两种学习机制都有较强的全局探索能力和局部开发能力，从而提升了种群整体演化在大规模高维问题上的性能。

3）**多种群策略**：进化计算方法还可以通过采用多种群策略的方式，同时维护多个种群在高维大规模问题的搜索空间中进行搜索，从而有效提升进化计算方法求解高维大规模优化问题的性能。在具体的实现过程中，进化计算方法可以通过为不同种群设置不同参数或不同进化算子等方式，让不同的种群拥有不同的探索和开发的能力，并通过种群之间的信息交互，使得进化计算方法在求解高维大规模优化问题上拥有更好的探索性和收敛性。此外，针对高维大规模多模态优化问题，进化计算方法还可以通过让不同种群对搜索空间中的不同区域进行搜索，从而高效获取多个高维大规模多模态优化问题的解。多种群策略通过在进化计算方法中引入多个种群在高维空间中进行搜索，并通过种群间的协同合作，有效提升了进化计算方法求解高维大规模优化问题的性能。

4）**进化迁移优化**：进化迁移优化为进化计算方法提供了一种求解高维大规模优化问题的新思路。在现实世界中，优化问题很少孤立的存在，因而通过设计合适的进化迁移优化方法，可以将进化计算方法在求解中小规模优化问题方面的经验知识进行迁移，用于解决相关的高维大规模优化问题。进化迁移优化在高维大规模优化问题的具体应用场景包括：直接将进化计算方法成功求解中小规模的问题的知识经验迁移到相关的高维大规模优化问题的求解；通过进化迁移优化学习和迁移进化计算方法在求解中小规模问题上的知识经验，使进化计算方法能够在维度更低的知识空间中对高维大规模优化问题的搜索；使用进化计算方法同时在原问题高维空

间和简化后问题的低维空间进行搜索，并通过进化迁移优化方法将低维空间中发现的有用特征
来指导高维大规模优化问题的搜索。

除了上述方法之外，传统进化计算方法还可以通过嵌入局部搜索算法、多种进化计算方法
混合、机器学习方法辅助、优化时空复杂度等多种方式，提升求解高维大规模优化问题的
性能。

## 2.4.3　基于分解的高维大规模优化的协同进化计算方法

基于分解的高维大规模优化的协同进化计算方法基于"分而治之"的思想，将高维大规模
优化问题分解成多个维度较低的子问题，再使用进化计算方法分别对分解得到的低维子问题进
行优化，从而实现高维大规模优化问题的高效求解。在使用进化计算方法对子问题进行优化的
过程中，由于子问题只包含原问题的部分决策变量，因此对子种群中个体的评价往往需要通过
与其他子种群的协同才能实现。基于分解的高维大规模优化的协同进化计算方法的整体框架如
图 2-7 所示。

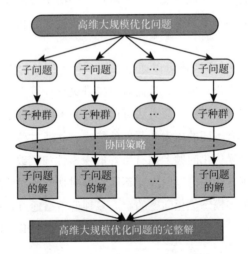

图 2-7　基于分解的高维大规模优化的协同进化计算方法的整体框架

在本节中，我们将结合基于分解的协同进化计算方法的相关知识，探讨基于分解的高维大
规模优化的协同进化计算方法设计中的两个关键问题：如何对高维大规模优化问题进行合理分
组，以及如何实现子问题之间的高效协同。

### 1. 基于分解的协同进化计算方法

下面，我们将结合优化问题的可分性以及首个基于分解的协同进化计算方法（合作协同进化

遗传算法，Cooperative Coevolutionary Genetic Algorithm，CCGA），对基于分解的协同进化计算方法进行介绍。

（1）优化问题的可分性

在使用基于分解的高维大规模优化的协同进化计算方法求解高维大规模优化问题时，问题是否能够被有效求解与问题本身的可分性密切相关。问题的可分性包括完全可分、完全不可分、$k$-不可分，以及加性可分。

完全可分问题的定义如式（2-36）所示。从式（2-36）可看出，完全可分问题可以通过对每个决策变量进行独立优化来解决。因此，完全可分问题很容易通过基于"分而治之"思想的基于分解的高维大规模优化的协同进化计算方法进行求解。

$$\underset{x_1,\cdots,x_n}{\mathrm{argmin}}f(x)=\left(\underset{x_1}{\mathrm{argmin}}f(x_1),\cdots,\underset{x_n}{\mathrm{argmin}}f(x_n)\right) \tag{2-36}$$

不满足式（2-36）的问题被称为不可分问题。不可分问题对基于分解的高维大规模优化的协同进化计算方法提出了更大的挑战。如果优化问题中任意两个决策变量都相互影响，则该类问题称为完全不可分问题。从完全可分问题到完全不可分问题，还存在各种部分可分问题。如果最多有 $k$ 个决策变量存在相互作用，则称为 $k$-不可分问题，$k$ 值越小，表示问题越容易被解决。加性可分问题则是一类在基于分解的高维大规模优化的协同进化计算方法中广泛被研究的 $k$ 不可分问题。在加性可分问题中，原问题的目标函数可被分解为多个独立子函数之和，且每个子函数只依赖于其对应的变量，如式（2-37）所示。

$$f(x)=\sum_{i=1}^{m}f_i(x_i) \tag{2-37}$$

加性可分问题的求解可以通过分别解决每个子问题来实现，且决策变量之间的耦合性容易被识别。所以，此类优化问题也可以相对容易地通过基于分解的高维大规模优化的协同进化计算方法求解。

（2）CCGA

CCGA 是由 Potter 和 De Jong 于 1994 年提出的首个基于分解的协同进化计算方法，其算法框架如算法 2-4 所示。在 CCGA 中，一个包含 $n$ 个决策变量的优化问题首先被分解为 $n$ 个一维的子问题，在完成问题分解后，随机初始化全局最优解 $b$ 和 $n$ 个子种群。子种群中的个体的适应值，是通过将该个体拥有的决策变量与全局最优解 $b$ 中包含的所有其他决策变量构建成原始问题的完整解进行评价得到的适应值。随后，每个子种群均使用 GA 进行优化，并通过全局最优解 $b$ 实现个体的适应值评价与子种群间的协同。当子种群在优化的过程中找到了更优解，则对全局最优解 $b$ 进行更新。

在图 2-8 中，我们则构建了一个简单的示例，使用 CCGA 最小化三个决策变量的加和。在该示例中，原问题被分解成三个子种群 $\{x_1\}$、$\{x_2\}$ 和 $\{x_3\}$。子种群通过全局最优解 $b$ 实现种群中的个体的评价以及子种群间协同。例如，当 $b=(0.2,0.1,0.5)$ 时，子种群 $x_1$ 产生的新个体 $x_1=0.4$ 的适应值为 $f(x_1=0.4,x_2=b_2,x_3=b_3)=1.0$。

---

**算法 2-4：CCGA 算法框架**

---

输入：优化问题的决策变量数 $n$，子种群规模 $N$

输出：优化得到的最优解 $b=(b_1,\cdots,b_n)$ 及其适应值 $f_b$

1:　　/* 问题分解与初始化 */

2:　　将 $n$ 维优化问题分解成 $n$ 个一维的子问题 $\{x_1\}$，$\{x_2\}$，$\cdots$，$\{x_n\}$

3:　　随机初始化 $b$，并对其进行评价，$f_b=f(b)$

4:　　For $i=1$ to $n$ do

5:　　　　随机初始化第 $i$ 个子种群 $P_i=\{P_{i,1},P_{i,2},\cdots,P_{i,N}\}$

6:　　　　对 $P_i$ 中的每个个体进行评价 $f_{Pi,j}=f(b_1,\cdots,b_{i-1},P_{i,j},b_{i+1},\cdots,b_n)$，　$j=1,\cdots,N$

7:　　End

8:　　/* 种群进化 */

9:　　While 未满足终止条件 do

10:　　　　For $i=1$ to $n$ do

11:　　　　　　子种群 $P_i$ 产生子代种群 $O_i\leftarrow$ Getoffspring($P_i$)

12:　　　　　　对 $O_i$ 中的个体进行评价 $f_{o_{i,j}}=f(b_1,\cdots,b_{i-1},O_{i,j},b_{i+1},\cdots,b_n)$，　$j=1,\cdots,N$

13:　　　　　　For $j=1$ to $N$ do

14:　　　　　　　　If $f_{o_{i,j}}<f_b$,then $b_i=O_{i,j}$,$f_b=f_{o_{i,j}}$

15:　　　　　　End

16:　　　　　　使用选择算子为子种群下一代种群 $P_i=$ Select($P_i,O_i$)

17:　　　　End

18:　　End

---

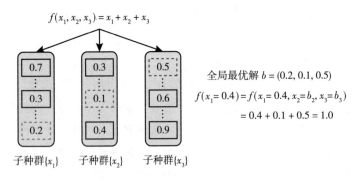

$$f(x_1,x_2,x_3)=x_1+x_2+x_3$$

全局最优解 $b=(0.2,0.1,0.5)$

$f(x_1=0.4)=f(x_1=0.4,x_2=b_2,x_3=b_3)$

$=0.4+0.1+0.5=1.0$

子种群$\{x_1\}$　　子种群$\{x_2\}$　　子种群$\{x_3\}$

图 2-8　CCGA 示例

### 2. 高维大规模优化问题的解耦分组

在对高维大规模优化问题进行解耦分组时，应充分考虑决策变量间的耦合性，减少不同子问题之间决策变量的耦合程度。在分组过程中，如果未能将相互耦合的决策变量分配到同一个子问题，则基于分解的高维大规模优化的协同进化计算方法往往会陷入由于错误分组导致的局部最优。在现有的基于分解的高维大规模优化的协同算法中，对高维大规模优化问题进行分组的方法可以大致分为两类：静态解耦分组方法和动态解耦分组方法。

静态解耦分组方法尝试在优化开始之前获得令人满意的分组结果，并在整个优化过程中保持不变。在 CCGA 中，包含 $n$ 个决策变量的优化问题被静态地分解为 $n$ 个一维的子问题，这种方法能高效地求解完全可分问题，但在不可分问题中的表现却往往无法令人满意。为了更好地求解更困难、更普遍存在的不可分优化问题，学者们提出了包括差分分组（differential grouping）、对偶差分分组（dual differential grouping）、快速相关性识别（fast interdependency identification）等方法在内的各种基于决策变量检测和学习的静态分组方法。这些方法对高维大规模优化问题中决策变量间的耦合性进行检测和学习，并在分组过程中将相互耦合的决策变量分配到同一个子问题中，实现高维大规模不可分优化问题的合理分解，从而获得更好的优化效果。

在动态解耦分组方法中，高维大规模优化问题决策变量的分组方式会在进化计算法方法优化的过程中发生改变。具体而言，在优化的过程中，动态解耦分组方法可以通过随机方式或基于历史优化信息的方式，对高维大规模优化问题进行分组。首先被提出的动态分组方法是随机分组（random grouping）方法。在经典的随机分组方法中，在每个进化周期开始前，优化问题的所有决策变量都被随机分配到一定数量的子问题中，使得相互耦合的决策变量能够被分配到同一个子问题中。在此基础上，动态分组方法还可以通过引入优化过程中获取的历史优化信息，针对性地对高维大规模优化问题的分组过程进行调整，使得相互耦合的决策变量更有可能被分配到同一个子问题中，从而获得更好的优化结果。在具体的实现中，还可以结合重叠分组、子问题贡献度、优化问题自身性质等因素，使得动态分组方法更好地对高维大规模优化问题进行分解。

### 3. 协同策略

理论上，基于分解的协同进化计算方法可以采用任何一种进化计算方法完成对子问题的优化。但无论采用哪一种进化计算方法，都必定会涉及对种群中的个体进行评价。在基于分解的高维大规模优化的协同进化计算方法中，每个子问题只包含了整个高维大规模优化问题的部分决策变量，使得子种群中的个体无法直接进行评价。因此子问题往往需要通过与其他子问题进行协同，从其他子问题的子种群中获取剩余部分的决策变量，构建原始高维大规模优化问题的完整解，从而实现对当前子种群中个体优化结果的评价。

在现有的基于分解的高维大规模优化的协同进化计算方法中，被广泛采用的协同策略是代表个体策略。在代表个体策略中，子种群中的个体与所有其他子种群中的代表个体进行组合，构成原大规模优化问题的完整解用于评价。在代表个体策略中，学者们主要围绕两个问题开展研究：代表个体的选择方式和代表个体的数量。最经典的代表个体选择方式是选取每个子种群的最优个体作为代表个体。除此之外，最差个体、随机个体、精英个体、轮盘赌、锦标赛、固定对象、邻域选择等方式也被用于代表个体的选取。对于每个子种群维护的代表个体数量，越多的代表个体意味着能够构建更多的完整解来实现更好的评价，但也意味着更大的内存和计算开销。为了实现两者间的平衡，可以通过引入自适应机制，对子种群维护的代表个体的数量进行自适应调整。

基于代理模型的协同则是一种间接协同策略。在基于代理模型的协同策略中，每个子种群需要初始化并维护一个档案集，用于保存当前子种群中个体与其他子种群代表个体构建成完整解后进行评价得到的适应值数据。档案集中保存的真实评价数据被用于子种群代理模型的训练，让代理模型学习子问题中决策变量的取值与真实评价值之间的映射。在子种群优化的过程中，代理模型可以仅根据子问题拥有的部分决策变量，对个体进行近似评价，从而引导子种群进化。在子种群进行一定迭代次数后，选出部分有潜力的个体，与其他子种群中的潜力个体一起，构建完整解进行真实评价。评价结果用于档案集和代理模型的更新。基于代理模型的协同减少了子种群间协同造成的通信开销，提升了高维大规模优化问题的求解效率。

## 2.5 动态优化的进化计算方法

### 2.5.1 问题定义

动态优化是许多最优化问题中普遍面临且难以回避的挑战之一。在现实生产实践中，所处的环境并不是静态不变的，而是动态变化的。这种变化可能会导致问题评估函数和最优解的改变。这种优化问题模型随时间改变的问题就是动态优化（dynamic optimization）问题。

对于单目标、无约束的动态优化问题，其一般定义如式（2-38）所示。

$$\min F(X) = f(X, \alpha^{(t)}) \tag{2-38}$$

其中，$f$ 是优化的目标函数，$X$ 是问题搜索空间中的一个可行解，$\alpha$ 是时变目标函数的控制参数，$t \in [0, T]$ 是问题的时间标志。在现实应用问题中，$\alpha$ 可以是跟环境相关且随时间变化的环境参数，例如温度、成本、可用资源数目等。在大多数情况下，我们认为环境的变化只发生在离散的时间点上，例如，$t \in \{1, \cdots, T\}$。对于一个有 $T$ 个环境状态的动态优化问题，问题可以表示为由 $T$ 个稳定环境组成的序列，如式（2-39）所示。

$$\langle f(X, \alpha^{(1)}), f(X, \alpha^{(2)}), \cdots, f(X, \alpha^{(T)}) \rangle \tag{2-39}$$

对于动态优化问题，一般要求环境改变后的优化问题应与环境变化前的优化问题具有一定的相似性，从而可以利用之前获得的知识辅助求解。对于环境变化导致优化问题模型完全不同的情况，其应该被视作若干独立的优化问题，而不是一个动态优化问题。

根据问题模型变化的一致性，动态优化问题还可以分为同构的动态优化问题以及异构的动态优化问题。其中，同构的动态优化问题是指问题不同区域的优化图景的变化程度一致、变化的严重程度与变化频率不随时间改变。反之，该动态优化问题就会被认为是异构的动态优化问题。此外，根据动态优化问题的目标个数、变化频率、变化严重程度等不同情况，动态优化问题还可以细分为多种类型，如表 2-1 所示。

表 2-1　动态优化问题的分类

| 分类依据 | 目标个数 | 变化方式 | 变化周期性 | 变化严重程度 | 变化频率 | 全局最优解的变化 | 变化一致性 |
|---|---|---|---|---|---|---|---|
| 类型 | 单目标 | 确定变化 | 周期变化 | 大幅变化 | 连续 | 位置不变但适应值改变 | 同构 |
| | 多目标 | 随机变化 | 非周期变化 | 小幅变化 | 高频 | 位置改变但适应值不变 | 异构 |

与静态优化算法评估不同，动态优化算法的评估涉及多个环境下的算法表现。在不同的环境中，同一个算法可能有着不同水平的表现，因此需要新的指标来对动态优化算法的性能进行综合评估。动态优化算法的评估指标大致分为两类，第一类是针对最优解的指标，第二类是针对效率的指标。

针对最优解的指标通过计算算法在不同环境下的最优解来评估算法的表现。在动态优化算法的评估中，通常使用每个环境中，截止至每次评估时获得的该环境下最优解的平均值作为评估的参考。这是因为在环境结束时获得的最优解决方案对该环境的贡献十分有限，重要的是在该环境中部署的解决方案的质量。在此基础上，可以通过最优解的适应值、与最优解的误差或者在搜索空间中的距离来描述算法的表现。

当不知道问题的真实最优解时，离线表现（offline performance）指标是一个很好的选择。它通过计算每一次评估时已获得的最优解的适应值的平均值来描述算法的表现。其计算方式如式（2-40）所示。

$$P_O = \frac{1}{T\theta} \sum_{t=1}^{T} \sum_{c=1}^{\theta} f^{(t)} \left( X^{*((t-1)\theta+c)} \right) \tag{2-40}$$

其中，$T$是环境的数目，$\theta$是环境变化的频率，也是在每个环境中允许进行适应值评估的次数，$c$是在当前环境中已进行的适应值评估的次数，$X^{*((t-1)\theta+c)}$是指截止至第$t$个环境的第$c$次评估时，在第$t$个环境已获得的最优解。但由于不同环境的优化图景不同，当不同环境全局最优解的适应值不同时，离线表现指标可能导致不公平的比较。

在已知问题的真实最优解时，则可以通过比较算法找到的最优解与真实最优解之间的差距来评估算法的表现。其中最常用的指标是离线误差（offline error）指标。它通过计算每一次评估时已获得的最优解的适应值与真实最优值误差的平均值来描述算法的表现。其计算方式如式（2-41）所示。

$$E_0 = \frac{1}{T\theta} \sum_{t=1}^{T} \sum_{c=1}^{\theta} \left( f^{(t)}(X^{*(t)}) - f^{(t)}(X^{*((t-1)\theta+c)}) \right) \tag{2-41}$$

其中，$X^{*(t)}$是第$t$个环境真实最优解的位置。在离线误差指标的基础上，式（2-41）中的最优解适应值与真实最优值的误差，还可以替换为在搜索空间中最优解与真实最优值的欧氏距离等指标，用以描述其与真实最优解的差距。由于基于差距的指标在不同的环境下具有统一的理想值0（即没有差距），因此这类指标可以保证比较的公平性。

针对效率的指标通过计算动态优化算法在环境变化后再次找到满足需要的解所需的时间来评估动态优化算法的性能。例如在环境变化后，算法获得的最优解与真实最优的适应值误差小于预定义阈值所需的迭代次数，如式（2-42）所示。

$$E_I = \frac{1}{T} \sum_{t=1}^{T} \psi^{(t)} \tag{2-42}$$

其中，$\psi^{(t)}$为第$t$个环境中，算法找到的最优解与真实最优的适应值误差首次小于预定阈值消耗的评估次数。

动态优化问题的处理是一项十分具有挑战性的工作。它既要求动态优化算法可以应对环境的变化并做出适当的反应，又要求动态优化算法可以在环境变化间隔的有限时间内快速地找到最优解。一般来说，动态优化算法必须解决以下的挑战。

- 种群多样性的丧失：在探索搜索空间和开发历史优质解的过程中，进化计算方法的种群会有收敛到若干有前景的区域乃至一个或多个极优解，从而使得种群全局和局部多样性下降。这将导致原有种群的探索和开发能力下降，难以应对环境的改变。
- 有限的计算资源：通常来说，环境变化间隔可使用的计算资源是有限的，这会限制每个环境中适应值评估的次数。因此控制计算资源的使用并避免浪费是十分重要的。
- 过时的数据：在每次环境变化后，基于之前环境计算的适应值就会过时，因此需要在新环境中对每个存储的解重新进行适应值的评估。

为了解决这些挑战，现有的动态优化算法应用了多种策略。这些策略主要基于两种思路。一种是对环境变化进行检测，在检测到环境变化后，通过执行一系列的动作来削弱环境变化的影响，并提高算法的表现；一种是在优化过程中维持算法种群多样性等关键指标，使算法在环境改变后依然正常工作。接下来，本节将针对变化检测策略、历史档案策略、多样性控制策略以及种群管理策略这四种主要的动态优化策略展开详细介绍。

## 2.5.2　变化检测策略

在动态优化问题中，环境的变化并不一定会显式地告知优化器。此时，就需要变化检测策略通过定期地监视相关指标来识别环境变化的发生，并及时应用相关应对策略。变化检测策略主要是基于特定个体适应值或者平均适应值的变化设计的。基于特定个体适应值变化的策略会对若干特定的个体（被称为检测器）进行重新评估，例如每次迭代前对种群外选定的若干随机个体重新评估适应值。当这些个体的适应值变化时，说明环境已经发生变化，需要执行应对策略。基于平均适应值变化的策略会记录自上一次环境变化后所有评估适应值的平均值。如果这个值在预定义的适应值评估次数中变得更糟，算法就会重新评估单个检测器以确定环境发生了变化。其基本流程如图 2-9 所示。

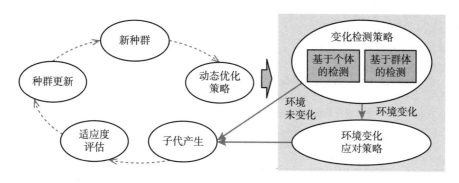

图 2-9　变化检测策略流程示意图

变化检测策略的设计是一项需要谨慎对待的工作。一方面，未识别环境变化会显著降低优化算法的表现，因为它们无法对环境变化应对；另一方面，虚假识别环境变化会导致不必要的应对，这会造成计算大量的资源浪费以及优化算法性能的损失。同时，对检测器频繁的重评估，也会给计算资源带来一定的浪费。在这种情况下，动态优化算法的变化检测策略应当根据环境变化的特点进行针对性的设计，从而实现检测准确率、计算开销等多方面的平衡。

### 2.5.3    历史档案策略

在动态优化问题中，我们可以假设邻近的环境之间存在一定的相似性。历史档案策略的核心思路是维护一个存储先前环境中最优解的位置的档案，并利用该档案指引种群前往新环境中有希望发现最优解的区域，以加速在新环境中发现最优解的过程，其基本框架如算法 2-5 所示。在历史档案策略中，需要注意三个关键环节，分别是：新解的添加，档案中现有解的维护，档案的检索与运用。

---

**算法 2-5：采用历史档案策略的进化算法框架**

---

输入：环境集合 $T$，种群大小 $N$，档案大小 $K$
输出：每个环境下的最佳解决方案

1:　　*/ * 初始化 * /*
2:　　随机初始化 $N$ 个个体
3:　While 未满足终止条件 do
4:　　If 检测到环境变化 then
5:　　　对历史档案中的解进行适应值评估
6:　　　使用当前历史档案中的解替换种群中的部分解
7:　　End
8:　　*/ * 种群更新 * /*
9:　　基于进化算子生成子代种群
10:　基于当前环境的评估函数评估子代种群
11:　更新种群与当前环境的最优解
12:　If 满足档案更新条件 then
13:　　If 档案大小 $<K$ then
14:　　　将当前最优解直接添加进历史档案
15:　　Else
16:　　　基于预定规则使用当前最优解替换历史档案中的解
17:　　End
18:　End
19: End

---

**1) 新解的添加**：档案中新解的添加包括添加的时机以及被添加的解决方案的选择。在现有的研究中，主要考虑将环境变化、种群收敛以及评估次数耗尽作为添加新解的时机，而将算法找到的最优解作为被添加的解决方案。如果算法中存在多个子种群，则可以考虑将每个子种群的最优解都发送至历史档案。

**2) 档案中现有解的维护**：档案中现有解的维护主要是指处理档案容量已满的情况。通常，档案的容量是有限的。当档案的容量已满又有新的解决方案到达时，就需要对档案中现有的解进行替换。替换方法的设计主要基于三个指标，即档案解的年龄、档案解之间的距离、档案解与新到达解之间的距离及它们的适应值。例如，最旧的档案解被新到达的解取代、与新到达解最近的档案解被新到达的解取代。

　　**3）档案的检索与运用**：历史档案的检索与运用通常发生在环境发生变化之后，用以在先前发现的有希望找到最优解的区域周围定位一些个体。在现有的研究中，主要通过利用历史档案中的解替换算法种群中部分或者全部的解来实现。

　　历史档案策略在某些情况下可以极大地提高算法的表现，但也具有一定的局限性。对于最优解会返回之前位置，或周期变化的动态优化问题，历史存档策略可以使算法在极短的时间内找到新环境的最优解。此外对于可以预测最优解变化的问题，例如确定变化的动态优化问题，也可以考虑将存档中的解作为预测方法的训练数据集。但对于随机变化的动态优化问题，历史档案策略的作用十分有限。同时，需要注意的是，每次环境变化后，历史档案中的解的适应值都会过时。因此需要通过重新评估或者在其周围进行局部搜索来更新。

## 2.5.4　多样性控制策略

　　多样性损失是动态优化问题最关键的挑战之一，也是静态优化算法求解动态优化问题时效率低下的主要原因。在进化计算中，种群会自发地收敛到最优解附近，这会导致种群在环境变化后无法对新的最优解展开有效搜索。针对这一问题，多样性控制策略通过改善种群的全局多样性以及局部多样性，来提高算法的表现。种群的全局多样性是指种群是否能够有效地覆盖搜索空间，以实现对空间的全局搜索。为了解决全局多样性丧失问题，所使用的主流全局多样性控制策略可以分为四类，即随机化冗余子种群或个体、环境变化后随机化部分或全部个体、随机化已收敛子种群、全局多样性保持。其中，前三种策略旨在通过随机化恢复种群的全局多样性。全局多样性保持则是通过特殊的种群更新策略设计，在优化过程中将种群的全局多样性维持在一个较高的水平。

　　这里我们以拥挤差分进化（Crowding Differential Evolution，CDE）算法为例对全局多样性保持策略进行说明。在传统差分进化算法的种群更新中，子代个体将与其父代个体进行比较并保留其中的较优个体。在 CDE 中，子代个体的比较对象变为父代种群中在决策空间与自身距离最近的个体。这种变化尽可能缩小了种群更新时的多样性损失，也被作为一种有效的多样性保持策略被迁移至多种进化算法中。

　　种群的局部多样性是指种群是否能够有效覆盖最优解附近的搜索空间，以在局部空间实现对最优解的开发。当种群收敛到最优位置时，其个体之间的距离非常近。因此，在环境发生变化后，种群无法跟踪最优解的微小变化。为了解决局部多样性丧失问题，所使用的局部多样性控制策略可以分为两类，即环境变化后进行局部多样性增强和局部多样性保持。环境变化后进行局部多样性增强的策略通过在每次环境变化后，对一部分个体在小的搜索空间中进行随机化，以恢复算法的局部多样性。局部多样性保持策略则通过避免碰撞（collision avoidance）或者在个体更新中增加随机性，避免所有个体收敛到很小的区域导致局部多样性损失。

多样性控制策略基于在环境变化后恢复以及在优化过程中保持的思路，使得在新环境开始时，种群拥有较好的全局与局部多样性以对新环境下的决策空间进行有效搜索。它有效解决了动态优化问题中种群多样性丧失的挑战，并成为许多动态优化算法的重要组成部分。

## 2.5.5　种群管理策略

在动态优化算法中，使用多个子种群同时对决策空间进行探索是一种常见且有效的手段。多个子种群可以在一定程度上维持算法的全局多样性，并且也可以同时对多个有希望存在最优解的区域进行开发。在动态优化算法中，应用的种群划分与管理策略可以分为双种群策略与多种群策略。其中，双种群策略中种群的数目是由算法结构固定的，不能更改；而多种群策略中的种群数目可以由用户设置或者随算法运行而自适应调整。

双种群动态优化算法使用两个子种群，其中一个子种群负责全局空间的探索，另一个子种群负责局部空间的开发。这种策略常常和历史档案策略结合使用。探索子种群负责发现有希望的区域并发送至历史存档。开发子种群负责围绕存档中的优质解的位置执行开发。为了保证探索子种群的全局搜索能力不会随着算法的运行而下降，也会在探索子种群中应用一些全局多样性控制策略，例如全局多样性保持策略。算法2-6展示了一种结合历史档案策略的双种群动态优化算法框架。

---

**算法2-6：结合历史档案策略的双种群动态优化算法框架**

---

输入：环境集合 $T$，探索种群大小 $N_1$，开发种群大小 $N_2$
输出：当前问题的最佳解决方案
1：　While 未满足终止条件 do
2：　　If 检测到环境变化 then
3：　　　/* 初始化 */
4：　　　对种群中 $N_1+N_2$ 个个体进行初始化
5：　　End
6：　　基于适应值排序等方式将个体划分为两个种群
7：　　/* 探索种群更新 */
8：　　For each 个体 $i$ in $N_1$ do
9：　　　基于进化算子产生子代个体

---

| 10: | End |
| 11: | /* 开发种群更新 */ |
| 12: | For each 个体 $i$ in $N_2$ do |
| 13: | 　使用该个体与历史档案中的个体作为亲本产生子代个体 |
| 14: | End |
| 15: | 更新历史档案 |
| 16: | 将父代和子代聚集成一个种群 |
| 17: | 保留其中较优秀的个体使种群总规模不变 |
| 18: | End |

　　多种群动态优化算法是解决动态优化问题最有效、最灵活的方法。在多种群策略中，个体会在算法开始时以及环境改变等时间点进行子种群的划分。不同的个体基于其在决策空间中的位置、适应值等属性划分为多个子种群。不同子种群可能拥有不同的个体数目、计算资源，并相对独立地对不同的有希望存在最优解的区域进行搜索。在多种群策略中，通常不存在探索种群和开发种群的分工，所有个体基于其分布自适应地聚集为多个种群，并独立地进行若干轮进化实现对其所在区域的开发。

　　种群管理策略通过多个子种群协同对问题决策空间进行搜索，在改善了种群多样性的同时，也避免了对少数区域的重复搜索，实现了更有效的计算资源管理。但当问题环境变动频繁或存在大量的有前景区域时，多种群策略会带来更大的计算开销，从而影响优化算法的表现。因此在使用多种群策略时，需要结合问题的特征进行设计。

# 2.6　多任务优化的进化计算方法

## 2.6.1　问题定义

　　在进化计算方法中，进化多任务优化（Evolutionary Multi-Task Optimization，EMTO）是一种新兴的多任务优化范式，其核心思想是将同步进行知识提取的概念融入优化的背景中。具体来说，EMTO 旨在利用不同任务之间的共同知识，使相关任务可以同时优化，从而获得更多有价值的信息。由于 EMTO 具有灵活的表达方式和融合领域知识的能力，因此它可以通过自动化的知识迁移过程，有效解决组合优化问题和高维优化问题。该范式能够充分地利用任务间的信息，更有效地使用 EA 解决多个共享某些互补属性的问题。多任务优化范式表述如下：

$$(x_1, x_2, \cdots, x_k) = \mathrm{argmin}(f_1(x), f_2(x), \cdots, f_k(x)) \quad \mathrm{s.\,t.}\ X_k \in \Omega_k \tag{2-43}$$

其中 $\Omega_k$ 是第 $k$ 个问题的决策空间，$f_k(x)$ 是第 $k$ 个任务的适应值函数。多任务优化的输出是每个优化任务的最佳解决方案，最佳解决方案的数量与任务的数量相同。

多任务优化主要包括基于单种群 EMTO 和基于多种群 EMTO 这两种算法分支，这两种算法分支都包含了任务选择和任务迁移两大核心部件。这两大核心部件通过多样化的策略来提高 EMTO 的优化效率和泛化能力。

## 2.6.2　多任务优化框架

无论是单种群还是多种群的进化多任务优化计算方法，其核心技术设计都包括任务选择和任务迁移两个方面，如图 2-10 所示。任务选择是为给定的目标任务（target task）选择一个互补的源任务（source task），为后续的知识迁移形成一个任务对。因此，通过分组互补任务，可以识别出可能导致负迁移的任务。此外，任务迁移旨在转换源域中的种群，使其适应目标域。根据图 2-10 中所描绘的具有核心组件的 EMTO 算法过程，任务选择和任务迁移组件可以充当规范进化过程的预处理组件，将来自不同任务的个体高质量地交付给后续的变异操作。

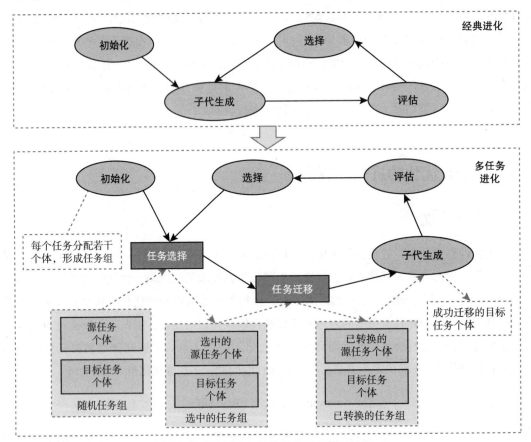

图 2-10　具有核心组件的 EMTO 算法过程

### 1. 任务选择

对于没有任务选择的 EMTO 方法，不同任务的个体被随机分组，在不同领域共享信息，随机参数 rmp 相同。但是，鉴于优化任务的属性各不相同，用统一的方法来控制不同任务间的信息共享是不合理的。因为并非所有任务都能从知识迁移阶段获益。基于相似任务或互补任务能够通过信息共享获得更好优化性能的假设，人们设计了许多细粒度的控制机制，以适当选择任务进行信息共享。任务选择策略大致可分为两类，即基于相似性的策略和基于反馈的策略。

**1）基于相似性的策略**：基于相似性的策略旨在选择与给定目标任务最相似的源任务，其中最直接的方法是通过测量它们的种群分布之间的距离或差异来确定种群间的相似性。除此之外，还可以显式地将参数模型构建为混合模型。混合模型是多个概率模型的加权和，而每个概率模型代表了单个任务的高质量种群。通过最大似然估计，可以得到混合模型的参数。概率模型的系数越高，表明源任务与目标任务之间的互补性越高。基于相似性的策略具有坚实的理论基础，与优化性能有间接联系，但计算复杂度相对较高。

**2）基于反馈的策略**：基于反馈的策略则是利用历史信息，根据迁移记录选择拥有最佳反馈的源任务。值得注意的是，基于反馈的策略基本上是为了动态地、自适应地控制随机交配参数 rmp，间接来达到促进正迁移的目的。基于反馈的策略理论基础薄弱，但它与优化性能直接相关，而且计算复杂度相对较低。

### 2. 任务迁移

在没有任务迁移组件的经典 EMTO 方法中，为了同时在所有任务中搜索解决方案，提出了一种统一编码的表示方法，以实现遗传物质在不同任务域中的迁移。然而，这种隐式的迁移过程并没有考虑到有时来自不同领域的个体无法从彼此的演化过程中获益的情况，这也被称为负迁移（negative transfer）。负迁移可以由许多原因引发，如不同的最优位置、不同的图景相似性、不同的种群分布或不同的进化路径等。因此，为了更好地促进正迁移和抑制负迁移，EMTO 方法应该考虑增加额外的策略。为此，人们设计了一系列称为显式迁移的策略，通过显式地将个体从源域转换到目标域来代替 MFEA 中的统一编码表示过程。大体上，它们可以分为三类：基于分布的策略、基于匹配的策略，以及两者的混合策略。

**1）基于分布的策略**：基于分布的策略旨在将明确的分布信息应用于个体迁移过程。基于分布的方法是为了克服由不同的最优位置或不同的种群分布而引起的负迁移。

**2）基于匹配的策略**：与基于分布的策略不同，基于匹配的策略试图应对由不同的图景相似性引起的负迁移。基于匹配的策略考虑了不同任务之间的图景信息。然而，由于采用最小二乘法计算映射矩阵的方法，基于匹配的策略易因计算开销高而不具有可扩展性。

**3)混合的策略**:尽管矩阵计算的计算负担重,但基于匹配的策略在 EMTO 相关研究中依旧是流行的。然而基于匹配的策略可能会忽略许多分布信息,导致许多潜在的风险没有被考虑,包括不同维度问题的知识迁移、混沌匹配问题以及适应值评估期间的带噪声的结果。为了促进各种类型的优化场景中的正迁移,一些研究人员提出将分布信息纳入基于匹配的迁移过程。总之,通过混合使用分布策略和匹配策略,可以很好地利用种群的信息,使算法更好地适应涉及噪声环境的不同优化场景。

## 2.6.3 基于单种群的多任务优化的进化计算方法

多因子进化算法(Multi-Factorial Evolutionary Algorithm,MFEA)是最具代表性和开创性的单种群进化多任务优化算法,该算法旨在仅用一个种群的情况下同时优化多个问题。为此,MFEA 精心设计了一个能够考虑所有问题的目标函数。该目标函数由以下四个基本定义组成。

- 因子成本(factorial cost):个体 $i$ 在任务 $j$ 上的因子成本恰好是相应的目标函数值 $f_i^j$,即因子成本 $\psi_i^j = f_i^j$。
- 因子排序(factorial rank):个体 $i$ 在任务 $j$ 上的因子排序可以通过对整个种群在任务 $j$ 上的因子成本排序得到,并将最优个体 $i$ 的因子排序 $r_i^j$ 赋值为 1,即 $r_i^j = 1$。
- 技能因子(skill factor):个体 $i$ 的技能因子是个体所能完成的最佳任务。给定个体在所有目标函数上的性能排名 $r_i^j$,个体 $i$ 的技能因子可以计算为 $\tau_i = \text{argmin}_k r_k^i$。
- 标量适应值(scalar fitness):标量适应值是个体在多任务优化环境下最终得到的适应值函数,体现了个体解决多样性任务的能力。对于个体 $i$,标量适应值的计算公式为 $\varphi_i = 1/\min_j r_i^j$。

除此之外,为了实现在多任务环境中比较种群中的不同成员,MFEA 在统一的搜索空间中采用统一的表示方案。具体而言,个体的每一个变量都简单地用一个 0 到 1 之间的随机密钥编码(random key coding)表示。对于连续优化问题,可以将每个随机密钥从基因型空间线性映射到对应优化任务的设计空间,从而以直接的方式实现解码。例如,考虑任务 $T_j$,其中第 $i$ 个变量在范围 $[L_i, U_i]$ 内。如果染色体 $y$ 的第 $i$ 个随机密钥取值 $y_i \in [0, 1]$,则解码过程由下式给出:

$$x_i = L_i + (U_i - L_i) \cdot y_i \tag{2-44}$$

如算法 2-7 所示,MFEA 的框架可以分为 4 个部分:初始化,选型交配(assortative mating),选择评估(selective evaluation),种群更新。在初始化时,所有的个体都要在所有的优化问题上进行评估。在选型交配中,采用一个被称为随机交配概率的参数 rmp 来控制跨任务进化，如算法 2-8 的第 3 行所述。一般情况下，子代可以通过变异和交叉两种操作来产生，这两种操作如算法 2-9 中所示。对于子代评估，在 MFEA 中，为了减少计算负担，每个个体只选择单个任务进行评估。所选择的任务与个体的技能因子 $\tau$ 一致。此外，对于跨任务进化产生的子代，技能因子 $\tau$ 被随机设置为父代中的任意一个，这样可以加强任务间的信息共享。由于前述标量适应值 $\varphi_i$ 的一般化设置，所以 MFEA 的种群更新阶段与标准进化算法类似。

---

**算法 2-7：MFEA 算法框架**

---

输入：任务数量 $K$，种群大小 $N$
输出：每项优化任务的最佳解决方案

```
 1:    /* 初始化 */
 2:  随机初始化 N 个个体
 3:  Foreach 任务 i do
 4:    评估任务 i 的所有个体
 5:    对所有个体完成任务 i 的能力进行排序
 6:  End
 7:  获取所有个体的技能因子
 8:  While 未满足终止条件 do
 9:    /* 选型交配 */
10:    按照算法 2-8 生成后代种群
11:    /* 选择评估 */
12:    按照算法 2-9 评估后代种群
13:    /* 种群更新 */
14:    将父代和子代聚集成一个种群
15:    重新计算技能因子和标量适应值
16:    选择具有最佳标量适应值的个体
17:  End
```

---

**算法 2-8：选型交配**

---

输入：父代种群，技能因子 $\tau$，随机交配概率 rmp
输出：子代种群

```
 1:    /* 选择 */
 2:  随机选取两个父母 p_a 和 p_b
 3:  If τ_a == τ_b or rand(0,1) < rmp then
 4:    通过双亲 p_a 和 p_b 之间的杂交产生两个子代 o_a 和 o_b
 5:  Else
 6:    子代 o_a 和 o_b 分别通过 p_a 和 p_b 的变异获得
 7:  End
```

---

---

**算法 2-9：选择评估**

输入：父代种群，子代种群
输出：后代种群的因子成本，$\psi$
1：　If 后代 $o$ 是由双亲获得的 then
2：　　If rand(0,1)<0.5 then
3：　　　将 $o$ 的技能因子设为 $p_a$ 的技能因子，即 $\tau_a$
4：　　　评估个体 $o$ 在任务 $\tau_b$ 的表现
5：　　Else
6：　　　将 $o$ 的技能因子设为 $p_b$ 的技能因子，即 $\tau_b$
7：　　　评估个体 $o$ 在任务 $\tau_b$ 的表现
8：　　End
9：　Else
10：　　将技能因子 $\tau_o$ 设置为与其任一双亲相同
11：　　评估个体 $o$ 在任务 $\tau_o$ 的表现
12：　End
13：　对于不被个体 $o$ 评估的任务，将因子成本 $\psi_o$ 设置为 $\infty$

---

### 2.6.4　基于多种群的多任务优化的进化计算方法

在多种群 EMTO 框架下，许多具有高水准且有启发性的算法已经被精心设计，并在众多领域获得了极为广泛的应用。概括而言，在多种群 EMTO 中，每个优化任务由唯一的种群进行优化求解。在任务的优化过程中，每个种群可以进行两种类型的操作，分别是自我进化和跨任务迁移进化。对于自我进化，目标任务的种群 $i$ 仅使用种群 $i$ 中的父代个体为任务 $i$ 产生子代个体，例如，通过差分进化算法中的变异、交叉、选择产生子代。而对于跨任务迁移进化，目标任务的种群 $i$ 则使用父代个体和一个基于特定任务选择策略而被指定的源任务的种群 $j$，通过知识迁移为任务 $i$ 生成子代个体。值得注意的是，不同任务的种群之间共享的信息既可以是父代中的算子，也可以是父代中的解集，如图 2-11 所示。是否进行自我进化或跨任务迁移进化由随机交配参数 rmp 决定。每当新一轮迭代开始时，如果在（0,1）范围的随机数小于 rmp 的值，那么种群将进行跨任务算子或解集的交互；否则，种群将各自优化自身任务。多种群 EMTO 的最终输出是每个种群中的最优个体，对应每个任务的最优解。

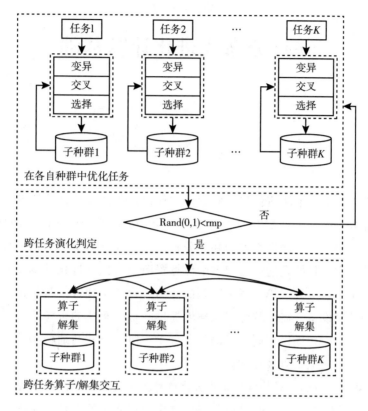

图 2-11　多种群 EMTO 的基本框架

| 第 3 章 |

# 并行分布式进化计算基础

在进化计算方法中，个体演化和适应度评估往往需要大量的计算资源和计算时间。同时，在进化计算方法中，子种群之间相对独立，同一子种群个体之间的演化也相对独立，这种独立性和内在的并行、分布特点为并行分布式进化计算的实现提供了理论基础。并行分布式进化计算的主要目的是通过利用多个计算资源同时执行进化计算任务，从而显著提升算法的计算效率和解决大规模、复杂问题的能力。为了实现这一目标，需要物理计算环境提供可并行的计算设备，需要软件实现环境提供并行分布式的资源管理、任务部署以及通信框架，需要通信模型提供不同节点的任务分工、协同方式与通信拓扑，需要算法描述与评估提供算法的定义范式以及评估标准。

本章基于上述四个方面，对并行分布式进化计算方法进行介绍，并为后续章节中以加速、多智能体协作和隐私保护为目的的并行分布式进化计算方法的设计与实现提供相关的基础知识。

## 3.1 并行分布式进化计算的物理计算环境

并行分布式进化计算的物理计算环境是指可以部署并行分布式进化算法并为其提供高性能科学计算的计算设备或系统，它为并行分布式进化计算方法的实现提供了硬件基础。随着并行分布式进化计算的发展，它已经在高性能计算环境（如集群系统、图形处理单元计算系统等）和空间分布式计算系统（如点对点网络、云计算等）上得到了实现，并展现出优异的性能优势。本节将对并行分布式进化计算可能的物理计算环境进行介绍，并针对其特点展开讨论。

### 3.1.1 GPU 架构

图形处理单元（Graphic Processing Unit，GPU）最初是一种专门用于图像和图形相关运算工作的微处理器。由于图形处理任务大多由海量、低依赖、低复杂度的子任务组成，GPU 被设计为用于并行处理大量任务，专注于数值计算，为此简化了控制逻辑并减少了内存容量。图 3-1 展示了 CPU 和 GPU 的基本结构来说明这种设计上的差异。

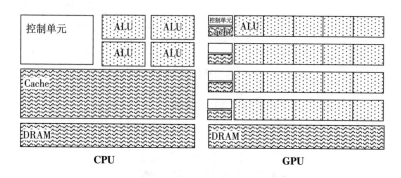

图 3-1　CPU 与 GPU 架构示意图

相较于中央处理器（Central Processing Unit，CPU），GPU 拥有数目极多但功能简单的算术逻辑部件（Arithmetic and Logic Unit，ALU），每组 ALU 配备了小型控制单元和缓存。这使得 GPU 可以有效地进行多条数据流的运算，并避免缓存的读写冲突，极大地增强了其并行处理能力。但由于在单个控制单元和算术逻辑部件上的简化，GPU 更适合处理浮点运算。对于包含逻辑控制等复杂运算环境的单一任务，更适合交给 CPU 处理。

由于 GPU 具备强大的流计算能力和并行处理能力，其在科学计算和人工智能方面也有着巨大的应用潜力，已成为一种重要的并行加速计算设备。通过将大规模矩阵运算、仿真模型模拟等复杂任务分解为多个数据流相对独立的子任务，利用 GPU 的大量计算单元并行处理，可以有效提高计算效率，减少运算时间。

在并行分布式进化计算中，基于 GPU 对算法进行加速已成为一个热门的研究方向。在进化计算中，问题的优化是基于种群迭代进行的。种群个体的行为相对独立，天然地适合并行处理。基于 GPU 架构，可以同步处理多个个体的生成与评估任务，从而有效提高算法效率。与此同时，利用 GPU 训练所优化问题的代理模型来生成或评估个体也是利用 GPU 加速进化计算的一个可行方向。

## 3.1.2　集群系统

集群系统（cluster system）是指由一组相互独立的计算机处理器构成的一个松耦合的多处理器系统。不同的计算机之间通过网络共享内存进行通信。集群系统中的单个计算机被称为一个节点，在集群系统中通常包括主节点与从节点两种节点，其结构如图 3-2 所示。其中，主节点负责系统的管理、配置以及计算任务的管理，从节点负责计算任务的执行。

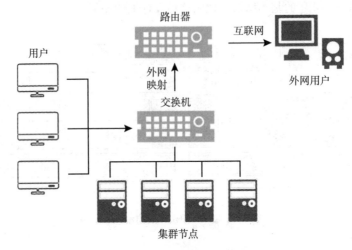

图 3-2　集群系统结构示意图

通过将大的、复杂的计算任务拆解为若干相对独立的子任务并交由不同的从节点同步处理，集群系统可以实现分布式计算，缩短任务的响应时间。根据功能的不同，集群系统又可以分为高可用性集群系统和高性能计算集群系统。在高可用性集群系统中，不同从节点的任务相同，目的是起到备份以及保证系统正常运行的作用；在高性能集群系统中，不同从节点的任务不同，目的是通过节点协作提高计算任务的处理效率。相较于其他并行分布式计算环境，集群系统结构简单，系统中的节点往往被集中部署在邻近的空间中并通过局域网实现通信，这提高了集群系统的鲁棒性与响应速度。但同时，集群系统包含的处理器和内存等资源的数量通常都是静态的，不允许节点自适应地加入与退出。

在并行分布式进化计算中，集群系统由于其节点全连接、通信便捷的特点，适用于多种并行分布式进化计算模型，例如主从模型中，主节点进行种群的维护与演化，从节点进行演化个体的评估。

### 3.1.3　点对点网络

点对点（Peer-to-Peer，P2P）网络，又称对等式网络，是一种去中心化的、依靠用户群（peers）通过互联网交换信息的互联网体系。在点对点网络中没有中心服务器，不同设备相互对等，节点同时作为网络中的客户端与服务器端，其基本结构如图 3-3 所示。

在点对点网络中，节点不仅是服务的请求者也是服务的提供者，会向网络提供自身网络带宽、存储空间、计算能力等资源。因此当有新节点加入、请求增多时，系统中的可用资源也会增加，这为点对点网络提供了良好的可扩展性。由于不存在中心服务器，点对点网络可以避免由于中心服务器故障导致的单点崩溃，具有良好的鲁棒性；同时，用户不需要将数据上传至其他服务器，因此在隐私要求高的领域也得到了广泛的应用。但随着节点数目的增加，点对点网络也面临着数据分布混乱、管理困难等挑战。

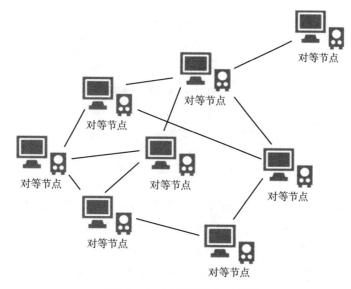

图 3-3　点对点网络结构示意图

由于点对点网络中各个节点彼此对等，在设计基于点对点网络的并行分布式算法时可以考虑去中心化的算法模型。例如基于岛屿模型的并行分布式进化算法，其中每个节点维护一个子种群进行演化；又或者基于多智能体模型的并行分布式进化算法，其中每个节点作为一个智能体，通过与邻居节点的协同和博弈寻找问题的有希望最优解。

### 3.1.4　云计算

云计算是指基于计算机网络、通过多组服务器形成的为用户提供存储、计算等个性化服务的计算能力极强的计算系统。在云计算中，包含云节点和用户节点两种节点。其中，云节点是服务的提供者，包含海量的计算、网络、存储等资源，可以根据用户需求按需部署；用户节点是服务的请求者，向云节点提交计算任务以及相关的数据，并接收计算结果。云计算基本结构如图 3-4 所示。

云计算最显著的特点是虚拟化技术，通过应用虚拟化和资源虚拟化技术将应用部署环境与物理平台进行隔离，从而实现计算资源的按需部署以及不同计算设备的强兼容性、动态可扩展性和高可靠性。但由于在云计算中，计算任务在云节点完成，需要将数据进行上传，这带来了数据安全与隐私保护方面的挑战。

图 3-4    云计算结构示意图

由于云计算具有更高的敏捷性、可扩展性与成本效益，在云计算平台上实现进化计算成为并行分布式进化算法的一个热门研究方向。根据数据分布的不同，这种实现可以分为集中式优化和分布式优化。当在一台服务器和一个数据库上进行优化，且所有数据在所有处理器之间共享时，则优化被认为是集中式的。当优化在多个服务器和多个数据库上进行，且其中的数据保存在本地，不能向其他服务器公开时，则优化被认为是分布式的。

在云计算环境中，云节点具有集中式的海量计算资源，可以依托云节点基于岛屿、蜂窝等模型构建并行进化计算方法。同时，出于隐私保护的需要，用户可能不希望将个人数据全部上传至云服务器。在这种情况下，也可以基于主从模式构建分布式进化计算方法，将涉及用户数据隐私的运算放在用户节点进行。

## 3.1.5    边缘计算

边缘计算是指在靠近用户终端设备或数据源头的网络边缘侧部署的，为用户提供网络、存储、计算等资源的开放计算系统。边缘计算的概念是相对云计算而产生的。云计算中服务器节点数目少、远离用户终端，服务器性能能强；边缘计算中服务器数目多、邻近用户终端，但单个服务器的性能可能不够强大。在实际应用中，边缘计算常常作为云计算的中间层存在，从而为用户提供多维度的计算服务。边缘计算的基本结构如图 3-5 所示。

在云计算中，数据都需要上传至云节点进行处理。随着物联网的快速发展，云计算难以满足海量数据的处理请求以及其实时性需求。边缘计算在一定程度上缓解了云计算面临的这些问题。由于部署位置邻近数据源，边缘计算可以大幅改善数据传输带来的开销以及数据隐私问题，从而提供更高效、安全的服务响应。

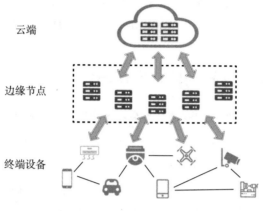

云端

边缘节点

终端设备

图 3-5　边缘计算结构示意图

由于在敏捷性与可扩展性上的提高，在边缘计算上构建并行分布式进化算法成为极具潜力的研究方向。但用户数据往往分布在不同的边缘或终端节点中，边缘计算上的并行分布式进化算法需要面对如何有效处理分布式的数据并保证不同节点一致性的挑战。

在边缘计算场景中，边缘节点为用户终端节点提供了一种相较于云节点传输时间更短、响应更快、私有性更高的在线计算资源。依托云节点和边缘节点，可以部署多种并行分布式进化计算模型，同时，还可以依托其多层的结构构建混合模型。

### 3.1.6　其他计算环境

除上述计算环境外，并行分布式进化算法还可以在多处理器系统、图形处理单元计算系统、雾计算、多智能体系统等计算环境中进行实现。

在多处理器系统、图形处理单元计算系统等高性能计算环境中，并行分布式进化算法主要利用高性能计算设备和全局信息并行处理计算任务，以提高响应速度。在该类环境中，全局信息在所有处理器之间共享，处理器可以在较短的时间内达成共识并收敛，有利于处理集中式优化问题。然而，在高性能计算环境中，计算设备往往放置在同一区域并通过局域网连接，伴随着较高的开发、维护与扩展成本，其响应时间主要受到计算资源规模的限制。

在雾计算、多智能体系统等空间分布式计算环境中，并行分布式进化算法主要利用局部信息通过分布式计算设备的协同来寻找全局最优解并提高计算效率。在该环境中，处理器只有本地数据，具有较高的通信成本，更适合处理分布式优化问题。在空间分布式计算环境中，处理器位于不同的区域，通过因特网连接。用户一般只需要租用处理器，无须维护，成本更低，可扩展性更高。然而，由于各个处理器之间数据公开水平和通信水平有限，如何提高通信效率，以合适的通信频率使各个处理器达成共识并收敛成为一个重要的挑战。

## 3.2 并行分布式进化计算的软件实现环境

并行分布式进化计算的软件实现环境是为分布式计算提供资源管理、任务注销、消息传输等支持的各种软件工具、框架和系统。它们使得开发者能够方便地开发、部署和管理分布式计算任务。在并行分布式进化计算中，常常会涉及多处理器的通信、数据分布式存储与读取、计算子任务的调度与部署等问题。这些实现环境对并行分布式这些底层模块进行了良好封装，并为用户暴露了相应接口。这使得用户可以专注于进化计算方法功能的设计，而无须了解并行分布式底层的运行细节。

本节首先介绍并行分布式计算的基本概念，随后对 MPI、OpenMP、MapReduce、CUDA 等实现环境进行了详细介绍。在实现环境的介绍中，通过示例代码的形式为读者展示相关环境的基本架构以及使用方法。在没有特殊说明时，示例代码均基于 C++语言编写。

### 3.2.1 并行分布式计算的基本概念

现代计算机均是基于冯·诺依曼架构设计的，其中计算机由五个重要的部分组成，分别是运算单元、控制单元、存储单元、输入设备和输出设备。由于传输效率和成本控制的需要，现代计算机中的存储单元往往是由硬盘、内存、寄存器构成的多级存储系统。而寄存器、运算单元和控制单元又一同组成了计算机的核心部件——CPU。如图 3-6 所示，基于冯·诺依曼架构，五个组件通过数据流、指令流和控制流协同处理计算任务。

随着人工智能的发展，计算任务的复杂度快速上升，传统的并行计算模式难以在可接受的时间内完成计算任务，因此出现了使用多个处理器且每个处理器各完成一部分计算任务的并行分布式模式。为了更好地理解并行分布式计算，下面对进程、线程、通信域等基本概念进行介绍。

进程是一个具有一定独立功能的程序关于某个数据集合的一次运行活动。它是操作系统动态执行的基本单元，在传统操作系统中，进程既是基本的分配单元，也是基本的执行单元。在运行时，每个计算任务至少包含一个进程，每个进程拥有独立的运行环境（内存、寄存器、CPU 执行时间等）。每个进程拥有的资源相互独立，不与其他进程共享。也就是说，每个 CPU

同一时刻只能处理一个进程，且不同的进程无法直接访问彼此的数据，但可以通过文件系统或消息传递来进行通信。

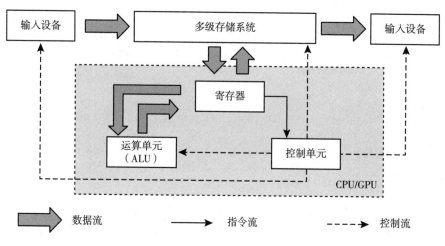

图 3-6　冯·诺依曼架构

线程是操作系统能够进行运算调度的基本和最小单位，也是计算任务的实际执行单位。每个线程均包含一个单一顺序的控制流，只能通过串行的方式执行。一个进程可以包含多个线程，每条线程并行处理不同的任务。对于同一个进程的不同线程，它们共享该进程中包括内存、控制信号在内的全部系统资源，但也拥有各自独立的调用栈和本地存储。因此，同一进程下的不同线程可以通过进程中的公有变量实现数据的共享，但无法访问其他线程在线程本地存储中创建的数据。

通信域定义了一组能够互相发消息的进程。对于通信域中的每个进程，均有一个唯一标识。通信域中的不同进程可以基于该标识实现点对点的通信，来完成数据的传输与请求。当某个进程需要和其余所有进程进行通信时，也可以通过广播的方式，将信息同时发送给通信域中的其他进程。在分布式场景中，不同的处理器处于不同的局域网中，因此需要通过套接字、网络传输协议等技术，基于互联网实现不同处理器的信息传输。

## 3.2.2　MPI 编程模型

MPI（Message Passing Interface）即信息传递接口，是一套进程间通信的标准与工具库，支持 FORTRAN、C、C++、Python 等编程语言。MPI 的作用是在不同的进程间传递消息，实现程序的并行处理。MPI 编程示例如代码清单 3-1 所示。

代码清单 3-1　MPI 编程示例

```
#include<mpi.h>
int main(int argc,char * argv[]){
    int rank, size;    //MPI 相关数据容器
    MPI_Init(&argc,&argv);    //MPI 环境初始化
    MPI_Comm_rank(MPI_COMM_WORLD,&rank);    //获取进程组中的进程编号 rank
    MPI_Comm_size(MPI_COMM_WORLD,&size);    //获取进程组中的进程数 size
    int data; //需要传输的数据
    if (world_rank == 0) {
        data = -1;
        MPI_Send(&data, 1, MPI_INT, 1, 0, MPI_COMM_WORLD); //发送数据
    } else if (world_rank == 1) {
        //接收数据
        MPI_Recv(&data, 1, MPI_INT, 0, 0, MPI_COMM_WORLD, MPI_STATUS_IGNORE);
        //接收到数据后的后续操作
    }
    MPI_Finalize();    //退出 MPI
    return 0;
}
```

在使用 MPI 构建并行程序时，首先需要在程序中引入 MPI 的相关文件，以在后续程序中获得相关的函数调用。接着需要调用 MPI_Init 函数对 MPI 环境进行初始化，在这一步中默认通信器 MPI_COMM_WORLD 被构建。在 MPI 环境中，有两个关键的相关变量，分别是进程在进程组中的进程编号以及进程组中的进程数。其中，进程编号是当前进程在进程组中的唯一标识，可以帮助确认接收信息的来源以及发送信息的目标。这两个变量可以通过 MPI_Comm_rank 和 MPI_Comm_size 函数来获取。在获取进程编号后，MPI 环境的准备工作就已经基本完成，可以进入主体程序并进行进程通信，也可以建立新的通信器，定义新的数据类型和进程通信拓扑结构以实现自定义通信。在所有任务结束后，使用 MPI_Finalize 注销 MPI 环境，否则可能导致进程挂起而无法正常退出。

进程间的通信通过 send 和 receive 函数实现，即 MPI_Send（void * buf, int count, MPI_Datatype datatype, int dest, int tag, MPI_Comm comm）和 MPI_Recv（void * buf, int count, MPI_Datatype datatype, int source, int tag, MPI_Comm comm, MPI_Status * status）。其中，buf 为发送或接收区缓存的起始地址；count 为数据大小；datatype 为数据类型；dest 为数据的接收进程编号；source 为数据的发送源进程编号；tag 为通信标识，只有当接收函数的标识与发送函数的标识一致时才会接收其他进程发送的数据；Comm 为通信使用的通信器；status 为返回的接收状态，其中包括数据的发送进程、数据类型、数据长度等信息。当使用 MPI_Send 和 MPI_Recv 函数时，通信器采用阻塞的方式进行通信，即只有完成当前通信后才会进行后续的计算任务，这有助于保证

数据的内容和到达顺序与预期一致，但有时也可能降低程序效率甚至由于各个进程均无法接收到需要的数据而导致死锁。此时可以考虑使用 MPI_Isend 和 MPI_Irecv 进行非阻塞的通信。

## 3.2.3 OpenMP 编程模型

OpenMP 是一套面向共享内存系统的多线程并行编程框架，包括一套编译原语和一个函数库，支持的编程语言包括 FORTRAN、C、C++。OpenMP 基于 Fork/Join 模式构建，其框架如图 3-7 所示。

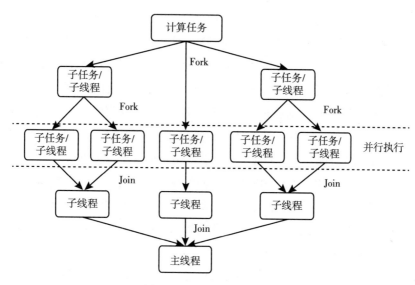

图 3-7 Fork/Join 模式框架

在该模式中，计算任务被分解为若干个子任务，并利用 Fork 函数为每个子任务创建相应的子线程。不同的线程并行执行，在完成后通过 Join 函数合并进程并将结果进行汇总。相比于其他并行编程模型，OpenMP 提供了一种更高级别的封装形式，使用户可以更便捷地完成进程创建、进程控制、任务分配、数据访问等操作而不用深入了解其内部细节。OpenMP 编程示例如代码清单 3-2 所示。

代码清单 3-2　OpenMP 编程示例

```
#include<omp.h>
int main()
{
    #pragma omp parallel num_threads(n) //创建 n 个任务相同的子进程
    { //子任务代码 }
    omp_set_num_threads(m); //指定创建子进程数为 m
```

```
#pragma omp parallel sections //创建指定数目的子进程并为其分配相应的任务
{
#pragma omp section //子进程任务
    { //子任务 1 代码 }
...
}
return 0;
}
```

在使用 OpenMP 构建并行程序时, 首先需要在程序中引入 OpenMP 的相关文件, 以在后续程序中获得相关的函数调用以及原语定义。OpenMP 通过编译原语来实现并行化, 其基本格式为 "#pragma omp 指令 [子句 [, 子句] …] {程序语句}", 编译器会根据原语隐式地调用 Fork 和 Join 函数来进行子线程的创建与合并, 实现程序的并行化执行。例如, "#pragma omp parallel num_threads(n)" 语句会创建 $n$ 个子进程, 每个子进程都会执行花括号中的程序语句; "#pragma omp parallel sections" 则声明子进程需要执行不同的语句, 需要配合 "#pragma omp section" 使用来为子进程分配任务。同时, 也可以使用 omp_set_num_threads 等方法显示地设置并行参数或获取相关数据。由于 OpenMP 中, 不同的线程处于同一个内存空间中, 都可以对全局变量进行读写操作, 因此不需要专门的方法来实现进程间的通信。此外, OpenMP 还支持 teams、single、for 等指令以对子进程进行多样化的控制。更多相关内容, 读者可以参考其官方手册 (https://www.openmp.org/resources/refgu ides/)。

OpenMP 由于对并行指令进行了更高级别的封装, 因此相对于 MPI 等框架更容易使用, 其代码改动较小且更易理解与维护。但是 OpenMP 只能在共享内存的场景下使用, 无法适用于集群或分布式节点的场景, 在这种情况下, 需要与 MPI 或分布式编程框架混合使用。

### 3.2.4 MapReduce 编程模型

MapReduce 是一个基于 Java 开发的并行分布式数据处理的编程框架, 支持 Java、Ruby、Python 和 C++等多种编程语言, 其与 Hadoop 分布式文件系统 (Hadoop Distributed File System, HDFS) 共同构成了大数据处理框架系统 Hadoop 的核心。其中, MapReduce 提供了海量数据的并行分布式计算框架, HDFS 则提供了数据的分布式存储与维护。MapReduce 的名称来自框架中的两个关键操作, 即 Map 过程和 Reduce 过程。MapReduce 的基本框架如图 3-8 所示。

Map 过程将需要处理的数据划分为若干个数据分片, 并针对每个数据分片创建对应的个子任务。计算节点会根据节点的空闲情况与数据的分布情况分配计算任务进行处理, 并输出数据的处理结果。Reduce 过程则对数据分片的处理结果进行合并与统计, 以获得最终结果。在

MapReduce 框架中，节点间的通信通过<key, value>键值对以标准流的形式实现。其中，通信的键值对可以是数据分片的起始地址，也可以是基于数据分片的处理结果，由用户自行定义。MapReduce 是基于 Java 开发的，但也支持其他语言基于标准流输入/输出的实现。其中最核心的部分是对 Map 和 Reduce 类进行重载。MapReduce 编程框架如代码清单 3-3 所示。

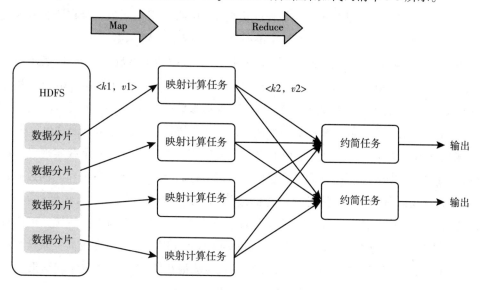

图 3-8　MapReduce 基本框架

**代码清单 3-3　MapReduce 编程框架**

```
class MyMapper : public mapper_traits<I, K, V>{
    //I 为输入数据的类型,K 和 V 分别为输出键值对中键与值的类型
    void start(){ //数据开始处理前需要执行的代码 }
    template <typename OutIter>
    void map(const I& input, OutIter output){ //数据处理代码 }
    bool abort(){ //中断当前处理的代码 }
    void flush() { //数据处理完成后退出的代码 }
};
class MyReducer : public reducer_traits<K, V, O>{
    //K 为输入/输出键值对中键的类型,V 和 O 分别为输入/输出键值对中值的类型
    void start(size_t shard_id, bool is_combiner)
    { //数据开始处理前需要执行的代码 }
    template < typename InIter, typename OutIter>
    void reduce(const K& key, InIter * v_start, InIter * v_end, OutIter output)
    {//数据分片处理结果进行分析与统计的代码 }
    bool abort() { //中断当前约简的代码 }
    void flush() { //约简完成后退出的代码 }
};
```

Map 类有四个关键函数需要重载，分别是 start、map、abort 和 flush。其中，start 函数会在节点开始处理以及每个新的数据分片到达时被调用，以支持源数据粒度的通信并在不同的数据分片间建立联系（例如对不同分片的数据结果进行统计）。map 是核心工作函数，对数据进行处理并通过输出器将结果以键值对的形式输出。abort 是一个可选函数，可以终止 map 函数并立即返回当前结果，其返回值是终止行为是否成功执行。flush 是退出函数，会在所有输入处理完成后调用，用于重置节点的内部状态。Reduce 类也有四个关键函数，分别是 start、reduce、abort 和 flush。start 函数会在节点开始合并前被调用，并接收两个参数：shard_id 表示当前节点的编号，is_combiner 表示当前节点是否作为组合器（这要求 reduce 过程具有结合性和可交换性，因为组合器只能看到全部数据的一个子集），根据参数的不同，Reduce 类可能具有不同的行为。reduce 是核心工作函数，其接收一组输入值，并将统计结果通过输出器输出。abort 函数和 flush 函数与 Map 类相同，作为终止和退出函数被调用。在完成相关的重载实现后，将对应的代码文件上传至 HDFS 中执行代码的位置即可通过 Hadoop 系统实现并行分布式的数据处理。

MapReduce 是面向分布式数据处理设计的成熟框架，具有易于编程、可扩展性好的特点，支持 PB 以上级别的海量数据处理。同时其内部自带计算任务的调度与管理系统，可以自主进行子任务的部署以及节点失效的容错。但 MapReduce 不适合用于处理存在较高关联性数据，因为它通常会将处理结果写入磁盘中，而处理高关联性数据往往需要对之前处理结果的多次读取，这会导致大量的磁盘 I/O 并造成性能的极大损失。

### 3.2.5 CUDA 编程环境

CUDA（Compute Unified Device Architecture）即计算统一设备体系结构，是英伟达提出的通用并行计算体系结构，也是目前使用图形处理单元进行并行计算的主流体系结构。目前 CUDA 支持 C++和 FORTRAN 编程语言。在进行计算任务的并行处理时，应将需要并行的任务分配到不同的计算核心上，因此计算核心的数目决定了可同时并行处理的任务数目上限。相较于 CPU，GPU 具有数十倍以上的算术逻辑运算单元，从而可以支持更多的数据流处理器和更多的线程数。其编程示例如代码清单 3-4 所示。

代码清单 3-4    CUDA 编程示例

```
//核函数定义
__global__
void kernel_func(float * x, float * y)
{
    //获取进程 id
    int i = threadIdx.x;
    int j = threadIdx.y;
```

```
        //数据处理与运算代码
}
int main()
{
    float * x, y; //需要被处理的数据
    int n; //需要被处理数据的大小
    //内存分配,在 GPU 或者 CPU 上统一分配内存
    cudaMallocManaged(&x, n * sizeof(float));
    cudaMallocManaged(&y, n * sizeof(float));
    //内核大小设置
    dim3 blockSize (16, 16);
    dim3 numBlocks(n /threadsPerBlock.x, n /threadsPerBlock.y);
    //numBlocks * blockSize 个线程的核函数并行执行
    kernel_func<<< numBlocks, blockSize>>>(x, y);
    return 0;
}
```

在 CUDA 中,子程序以线程(thread)、块(block)、网格(grid)的三级结构进行组织,以提供不同粒度的并行管理。其中,网格是最高层次,也是并行程序运行的最大范围。在网格中包含若干个块,每个块又包含一定数目的线程,每个线程则对应一个并行子任务。由于在 GPU 中通常以 32 个计算单元为一个整体,因此每个块中的线程数通常为 32 的倍数,同时单一块的线程数上限为 1024。在使用 CUDA 进行并行计算编程时,最关键的是核函数,它通过修饰符__global__进行定义。核函数定义了并行时每个子任务的行为,并会在运行时部署到所有的线程中。核函数可以通过 threadIdx 和 blockDim 获取当前进程以及进程所处块的相关信息,从而确定自己的数据处理任务。在对核函数进行调用时,需要通过运行时参数为其申请相应的计算单元,即三重尖括号中的值。其中,第一个参数代表申请的块的数目,第二个参数代表每个块中线程的数目。参数的形式可以是一个整数,也可以是一个三维向量。整数型的参数表示计算资源之间按一维线性的方式组织,参数的值即申请的数目;三维向量的参数表示计算资源之间按二维的方式组织,参数的值分别包含了计算资源矩阵的长、宽以及额外申请的显存空间大小。在代码清单 3-4 中使用三维向量作为运行时参数传入。该示例中共申请了 $16 \times 16 = 256$ 个块,由于不需要额外申请显存,因此第三个参数可以省略。

CUDA 作为面向 GPU 的并行计算架构,提供了利用 GPU 这一相对廉价的设备资源实现高效并行计算的接口,同时还具有易于编程、自动线程池维护的特点。由于拥有大量的计算单元,在数据密集的场景下,使用 CUDA 进行基于 GPU 的并行计算可以有效提高计算程序的效率。但是,GPU 并不擅长处理控制指令。因此,在逻辑控制密集的场景下,基于 CPU 的并行计算反而拥有更好的表现。针对这一情况,在目前的实践中往往采用 CPU+GPU 的协同并行计算

模型。在该模型中，CPU 负责程序控制、逻辑判断等控制任务，GPU 负责密集数据计算任务的并行处理，二者各司其职、优势互补。

### 3.2.6    其他编程模型

除上述并行分布式编程模型之外，目前还有 Akka、Flink、Storm 等分布式并行计算框架，同时 TensorFlow、Keras 等深度学习框架也都对并行分布式计算提供了支持。针对不同的应用场景，这些框架在分布式数据存储、流数据处理、批处理、伸缩性、鲁棒性等方面各具优势。在这些成熟的编程模型之外，读者还可以基于多线程、多进程管理工具以及网络通信协议，例如 Python 的 multiprocess 库、C++标准库中的 Fork()、Join()函数，从底层实现并行分布式计算，以满足个性化的数据处理需求。

在通用的分布式并行计算框架之外，随着进化计算的不断发展，其在多种优化场景上的应用潜力已被证明，近些年也出现了一批提供并行分布式运算的演化计算编程平台，为用户提供封装好的并行分布式进化计算服务。其中，具有代表性的编程平台包括 DEAP（Distributed Evolutionary Algorithms in Python）和 Evox（Distributed GPU-Accelerated Framework for Evolutionary Computation. Comprehensive Library of Evolutionary Algorithms & Benchmark Problems）。

DEAP 是基于 Python 语言实现的进化计算框架平台，可以帮助开发者和研究人员进行快速的原型设计与想法验证。它基于 Python 的 multiprocess 与 SCOOP 库实现线程级别的算法并行化，同时提供了遗传算法和遗传规划丰富的算子库供用户使用，用户可以通过简单的注册指令完成优化器的实现并进行算法执行。

Evox 是一个面向进化计算方法的自动化、分布式和异构执行的计算框架。Evox 针对传统计算范式下进化计算方法进行大规模优化时耗时长、效率低的问题，采用 GPU 并行加速算法中的种群演化和个体评估环节，提高进化算法在大规模优化问题中的表现。它包括一个进化计算的编程模型和一个面向分布式 GPU 加速优化的计算模型。在此基础上，Evox 构建了一个算法库，包括 50 多种广泛使用的用于单目标和多目标优化的进化计算方法。此外，该库还为各种基准问题提供了全面的支持，包括几十个数值测试函数和数百个强化学习任务。近年来，深度神经网络、强化学习等人工智能研究领域十分火爆，吸引了大量的从业者与研究人员，但其智能模型往往具有参数量大、评估困难的特点。Evox 挖掘进化计算方法在智能模型优化方面的潜力，为神经网络超参数优化、模型参数优化等问题提供了一个便捷的实现与验证平台。

## 3.3    并行分布式进化计算的通信模型

通信模型是并行分布式进化计算的重要组成部分，它定义了不同处理器间的通信拓扑、责任分工、协同方式等内容，并对并行分布式进化计算方法的效率与算法表现具有巨大的影响。本节首先对通信的相关概念进行介绍，随后对主从模型、池模型、岛屿模型、蜂窝模型、多智能体模型、混合模型等并行分布式进化计算的经典通信模型进行详细介绍。

### 3.3.1　通信的基本定义与类别

通信通常是指人与人或人与自然之间通过某种行为或媒介进行的信息交流与传递。从广义上来说，通信是指需要信息的双方或多方在不违背各自意愿的情况下采用任意方法、任意媒介，将信息从某一方准确安全地传送到另一方。在计算机系统中，通信是指在计算机与计算机之间或计算机与终端设备之间通过电信号等媒介进行信息传递的方式。

在计算机通信中，根据是否出现阻塞状态，通信可以分为同步通信与异步通信，如图 3-9 所示。在同步通信中，计算机程序在发送数据时会进入阻塞状态，需要等到数据传输完毕才会继续执行。在异步通信中，计算机程序在发送数据时不会进入阻塞状态，数据发送与程序的后续指令可以同时进行。

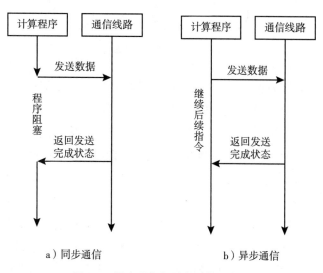

图 3-9　同步通信与异步通信示意图

此外，根据数据在线路中的传输方式，通信又可以分为串行与并行通信，以及单工、半双工与全双工通信。在串行通信中，数据在单根数据线路中按位顺序传输；在并行通信中，则使用多根数据线同时传输多位数据。在单工通信中，一根数据线只能进行单向发送或单向接收；在半双工通信中，一根数据线既可以接收数据也可以发送数据，但二者不能同时进行；在全双工通信中，则包含多个数据线路，可以实现数据的同时收发。

### 3.3.2　主从模型

主从模型是一种常见的分布式系统通信模型，其节点包括主节点和从节点两种类型。在主从模型中，通信只发生在主节点与从节点之间，不同的从节点之间不进行通信。主节点将计算任务划分为若干子任务，并将其部署至从节点执行。从节点完成任务后将结果返回至主节点。主从模型的基本结构如图 3-10 所示，其中大的空心圆圈表示分布式的计算处理器，实心圆点表示计算处理器上维护的演化种群个体。

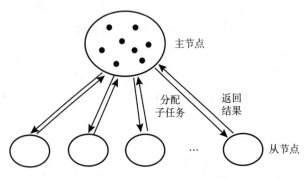

图 3-10　主从模型的基本结构

在经典的基于主从模型的并行分布式进化计算方法中，个体的演化、选择都在主节点完成，从节点通过并行计算来加速优化中最耗时的新个体适应度评估环节。主从节点之间采用同步方式进行通信，即主节点等待所有从节点完成个体适应度评估后，再根据个体适应度值选出构成下一代种群的个体，并继续演化。随着主从模型的发展，从节点也开始负责通过交叉、变异等进化算子生成新个体的任务。由于只有主节点可以获取所有节点中个体的分布情况，种群的选择与分布还由主节点负责。在此基础上诞生了一系列主从模型变体。例如，基于异步通信的主从模型中，从节点各自基于自身维护的种群进行演化，并将适应度值满足条件的个体上传至主节点，当主节点收集的个体数目达到预定义的阈值时，会根据收集到的个体更新模型并通信给各个从节点以辅助其演化；分层优化的主从模型中，主节点负责全局优化，从节点则根据当前最优解进行局部搜索。

### 3.3.3　池模型

池模型是一种将中心节点作为存储资源池的通信模型。与主从模型的"强中心"不同，池模型是一种"弱中心"模型。在该模型中，中心节点只充当一个从节点存储和分享信息的池，而不处理具体的计算任务。各个从节点可以从"池"中下载需要的数据，并在完成计算任务后将必要的结果数据上传回"池"中。池模型的基本结构如图 3-11 所示。

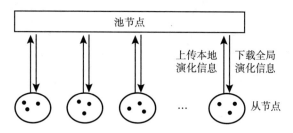

图 3-11　池模型的基本结构

在经典的基于池模型的并行分布式进化计算方法中，池节点不再进行个体产生、选择等演化任务，只维护一个存储各个从节点最优个体等进化信息的数据池。从节点通过池获取全局信息并各自维护一个种群异步地进行演化。在完成一轮演化后，从节点会将本地信息存储至池中以更新全局信息。该模型避免了当从节点数目上升时，池节点花费大量时间执行演化任务从而降低了系统性能的情况。这极大地提高了池模型的可扩展性。大量的进化算法都可以通过池模型实现并行分布式演化，并实现可观的性能加速。例如，基于池模型的遗传算法中，池节点负责存储各个从节点中的优秀个体，从节点则从池中提取个体进行计算和演化；基于池模型的粒子群算法中，池节点负责维护全局最优个体，从节点则根据主节点中的全局最优个体信息和本地演化信息来指导粒子更新。

### 3. 3. 4　岛屿模型

岛屿模型是一种粗粒度的、没有中心节点的通信模型。在岛屿模型中，各个节点独立地处理计算任务。不同的节点可以根据全连接、环形等网络拓扑模型进行通信。岛屿模型的基本结构如图 3-12 所示。

在基于岛屿模型的并行分布式进化计算方法中，每个岛屿都是一个独立的子种群。这些子种群在完成若干轮的演化迭代后，基于给定的拓扑与其相邻子种群进行通信并交换进化信息。根据子种群优化问题和优化器设置异同，岛屿模型可以分为同构的岛屿模型和异构的岛屿模型。

在同构的岛屿模型中，各个子种群使用相同的优化器，对问题的全局目标进行进化优化。在该类模型中，一种常见的通信策略被称为迁移。通过迁移，各个子种群获得其相连子种群的最优解，并使用这些最优解代替自身子种群的部分解，从而实现进化信息的分享和子种群间的协同。由于在岛屿模型中，各个子种群的进化相对独立，可以增强算法种群的多样性，并实现对多个有价值区域的探索与开发。同时，由于不同节点中子种群的演化相对独立，岛屿模型十分适用于异步通信，这可以避免不必要的等待时间并提高算法效率。

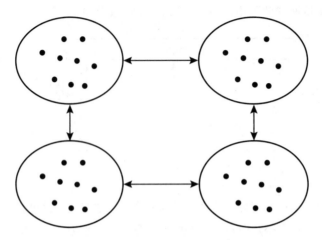

图 3-12   岛屿模型的基本结构

在异构的岛屿模型中，不同子种群针对不同的子问题展开优化或采用不同的优化器设置，其中包括：子种群对自身局部目标或多目标优化问题的某个目标进行优化，例如文献［160］中每个子种群负责优化多目标优化问题中的一个目标，并将其发现的非支配解分享给其他子种群；子种群对多任务优化问题中的某个子任务进行优化，例如文献［161］中每个子种群优化一个子任务，并在子种群收敛后从其他子种群迁移个体来增加种群多样性以吸收其他任务优化中的经验知识；子种群对高维大规模优化问题的某个子问题进行优化，例如文献［162］中每个子种群只负责优化问题的部分维度，并结合其他子种群的优化结果共同组成完整解进行适应值评估；子种群使用了不同的优化器参数或使用了不同的进化算法作为优化器，例如文献［163］中，不同的子种群分别采用单点交叉遗传算法、双点交叉遗传算法、差分进化算法和粒子群算法作为优化器以利用它们在不同优化图景上的优势；等等。对于针对不同子问题开展优化的情形，其面对的优化问题往往十分复杂，通过将其划分为多个子问题并交由子种群独立进化可以显著降低各个子种群的优化难度，提高优化速度和优化表现。

### 3.3.5　蜂窝模型

蜂窝模型又称细胞模型，是一种细粒度的通信模型。与岛屿模型相似，蜂窝模型也由若干可以独立处理计算任务的计算节点组成。不同之处在于，与岛屿模型相比，蜂窝模型中的计算节点数目更多、功能更简单，主要用来进行大量简单任务的并行分布式处理，例如 CPU 核心级别的并行计算。蜂窝模型的基本结构如图 3-13 所示。

在基于蜂窝模型的并行分布式进化计算方法中，种群以个体为单位分布在不同的计算节点上，每个节点只维护一个个体且只能与其邻居进行通信。因此当种群规模较大时，蜂窝模型往往需要大量的计算节点来完成种群的分布式部署。在早期的蜂窝模型中，节点之间采用同步通信，不同的节点同步处理自身个体的演化，并在需要时发起与邻居节点的通信。这种机制保证了算法的效率，但是由于邻居节点个体的演化状态和迭代次数往往是不确定的，这可能会降低算法的稳定性。针对这一问题，固定定向扫描、固定随机扫描、随机扫描和均匀选择四种异步更新机制被提出。在固定定向扫描中，所有节点按预定义的顺序进行更新；在固定随机扫描中，更新顺序是算法开始时随机生成并固定下来的；在随机扫描中，更新顺序会在每一轮更新前重新随机生成；在均匀选择中，节点不依照特定的顺序进行更新而是每次随机选择一个节点进行更新。针对细粒度导致的处理器需求高的问题，也产生了一些粒度较大的蜂窝模型，例如将若干个个体视为一个整体并由一个节点来维护。与岛屿模型不同的是，在该蜂窝模型的变体中，只有少量边缘个体能与邻居节点进行通信。

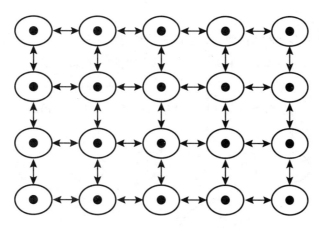

图 3-13　蜂窝模型的基本结构

## 3.3.6　多智能体模型

多智能体模型是一种特殊的通信模型。与其他通信模型不同的是，每个节点维护的是一个具有一定行为模式、可以感知周围环境并根据自身目标做出行为反馈的智能体，而不只是一个计算资源的集合。在多智能体模型中，每个智能体都有一个收益函数，并独立地开展行动以最大化自身的收益。当所有智能体的收益均无法进一步改进时，可以认为系统建立了某种均衡，此时各个智能体的行为策略的集合即系统认为的最优解。智能体节点之间的通信可以基于环形、网格等拓扑结构实现，邻居节点被视作节点所处的环境，与邻居节点的关系可以分为合作或竞争两种。对于非合作博弈，这种均衡状态就是该系统的纳什均衡点。

在基于多智能体模型的并行分布式进化计算方法中，其主要思想是将并行分布式进化算法看作一个多智能体系统，优化通过智能体之间的博弈而非子种群的协同实现。在该过程中，进化算法可以用来优化智能体的决策规则，例如运用遗传规划算法优化一个超启发式策略，智能体基于该策略进行决策和行动；进化算法也可以用来优化智能体的行为，例如使用进化算子发现与纳什均衡相对应的行为。

由于多智能体模型是一个去中心模型，所有节点只需要根据周围环境评估自身收益，不需要全局信息，因此其具备极佳的可扩展性，并适用于具有数据隐私等问题的分布式场景。同时，多智能体模型也面临着一些挑战。一方面，多智能体博弈的均衡点不一定是问题真实的全局最优解，因此可能会陷入局部最优；另一方面，使用多智能体模型，需要将优化问题建模为多智能体系统，对于现实问题来说，这并不总是成立的。

### 3.3.7　混合模型

混合模型是两个或多个模型的组合，从而充分利用其在适应度评估并行性和子种群并行性方面的优势。图 3-14 所示为岛屿–主从混合模型基本结构，在该模型中，种群被划分为若干子种群，它们运行在不同的主节点上，并在特定的时间内进行通信。对于每一个子种群，主节点将计算任务发送到自己的从节点进行适应度评估等操作，以进一步提高并行粒度。主节点之间则通过岛屿模型的方式进行协作。

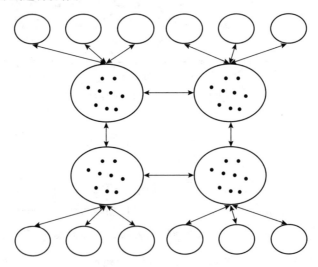

图 3-14　岛屿–主从混合模型的基本结构

通过类似的操作，也可以构建出岛屿–蜂窝混合模型、岛屿–岛屿混合模型等混合通信模型。混合模型可以利用不同模型的优势，提高可扩展性和解决问题的能力，实现更高的算法效率和更好的优化表现。

## 3.4　分布式进化计算的描述与评估

### 3.4.1　分布式系统的描述

一般地，一个分布式系统可以描述为（节点集合 $\mathcal{N}$，通信拓扑 $\mathcal{T}$，通信协议 $\mathcal{P}$，算法 $\mathcal{A}$）。具体地，节点集合 $\mathcal{N} = \{a_1, a_2, \cdots, a_n\}$ 表示系统中所有节点的集合。每个节点在分布式系统中担任一个独特的角色，并可能包含以下信息。

- 节点标识符：用于唯一标识节点的符号或者编号。
- 节点状态：描述节点当前的状态，比如活跃状态、失效状态等。
- 节点属性：描述节点的特性和能力，比如计算能力、存储能力、网络带宽等。

通信拓扑 $\mathcal{T}$ 表示系统中节点之间的通信连接关系。通信拓扑可以是点对点连接、星形拓扑、环形拓扑、树状拓扑等，每种拓扑结构都对应着不同的节点间通信方式。通信拓扑可能包含以下信息。

- 节点之间的连接关系：描述节点之间的直接通信连接关系，比如邻居节点、通信链路等。
- 通信带宽和延迟：描述节点之间通信的带宽和延迟特性，影响通信效率和性能。

通信协议 $\mathcal{P}$ 表示系统中节点之间进行通信和协作的规则和约定。通信协议定义了节点之间的消息格式、通信流程、数据传输方式等，确保节点能够正确地进行通信和协作。通信协议可能包含以下信息。

- 消息格式：描述消息的结构和字段，包括消息头、消息体等。
- 通信流程：描述节点之间的通信流程和消息交换规则，包括请求–应答模式、广播模式等。
- 通信模型：描述节点之间的通信机制，如同步、异步、阻塞、非阻塞等。
- 错误处理机制：描述在通信过程中可能出现的错误情况以及处理方式，保证通信的可靠性和稳定性。

算法 $\mathcal{A}$ 表示系统中节点之间协作解决问题的算法或者协议，可以是分布式计算算法、分布式一致性协议、分布式存储算法等，根据系统的具体需求而定。算法可能包含以下信息。

- 算法描述：描述算法的原理、流程和实现细节。
- 输入和输出：描述算法的输入和输出数据，以及处理方式。
- 算法复杂度：描述算法的时间复杂度、空间复杂度等性能指标，评估算法的效率和性能。

### 3.4.2　分布式算法的评估指标

#### 1. 终止性

分布式算法的终止性是指在分布式系统中，经过一系列的通信和计算过程后，算法能够在有限的步骤内达到终止状态。换句话说，分布式算法能够在一定的时间内完成其预期的任务，并得出正确的结果，不会造成死锁。死锁（deadlock）是指一组进程互相等待彼此持有的资源，从而导致这些进程永远无法继续执行，分析分布式算法死锁的常用方法包括资源分配图、进程状态分析等。终止性在分布式算法中具有重要意义，主要体现在以下几个方面。

- 便于系统部署和管理：在实际应用中，具有终止性的分布式算法更容易被部署和管理。因为可以预知算法在执行过程中会终止，避免了长时间的执行和可能导致系统崩溃的情况。
- 节约资源和提高效率：如果一个分布式算法不能终止，会导致系统资源长时间被占用，无法释放，影响系统的性能和资源利用效率。而终止的算法可以在任务完成后释放资源，提高系统的效率。
- 用户体验和可用性：终止的分布式算法能够及时给出结果，提高了用户体验和系统的可用性。用户不需要等待太长时间才能获得结果，从而提高了用户满意度。

因此，终止性是分布式算法在现实应用部署中必须考虑的重要因素之一。只有保证了算法的终止性，才能保证系统的稳定性、性能和可用性，从而更好地满足实际应用的需求。

#### 2. 共识性

分布式算法的共识性是指在分布式系统中，各个节点能够就某个数值、值或者状态达成一致意见的能力。分布式算法的共识性可以描述为：给定一个分布式系统和一个分布式算法，如果该算法能够确保系统中的每个节点最终达成一致的共识，即使节点之间可能存在故障、通信延迟或者网络分区等问题，也能够保证最终的一致性，则该算法具有共识性。一般地，算法满足共识性的条件可以形式化地定义为

$$\sum_{i=1}^{n} (x_i - \hat{x}) < \varepsilon \tag{3-1}$$

其中，$x_i$ 代表第 $i$ 个节点的解，$\hat{x}$ 表示系统节点的平均解，$\varepsilon$ 表示可接受的共识差异阈值。

在分布式系统中，保证算法的共识性主要包括以下几个方面。

- 一致性协议：在分布式数据库系统中，多个节点需要就数据的一致性达成共识。例如，当一个节点提出了一项更新操作时，其他节点需要就是否接受这项更新达成一致意见，以确保数据的一致性。

- 分布式事务：在分布式系统中涉及跨多个节点的事务处理，需要确保所有节点在事务提交时都达成一致的结果。例如，在电子商务系统中，一个订单的支付需要跨多个节点进行处理，要确保所有节点在支付完成后都达成一致的状态。
- 共识算法：在分布式系统中，进行节点选举、领导者选举或者分布式锁等操作时，需要保证各个节点能够就最终的结果达成一致意见。例如，Paxos 算法和 Raft 算法就是用来解决共识问题的经典算法，用于确保分布式系统中的节点达成一致的状态。

共识性在分布式系统中具有重要的意义。第一，保证系统的一致性和可靠性，通过确保各个节点之间达成一致的共识，可以有效地保证系统的数据一致性和运行状态的可靠性，提高系统的稳定性。第二，避免分布式系统的分区和故障，共识性算法能够帮助分布式系统在网络分区或者节点故障的情况下依然能够保持一致的状态，避免数据丢失或者不一致的问题。综上所述，分布式算法的共识性对于分布式系统在现实应用部署中至关重要。只有确保了算法的共识性，才能保证系统正确地运行并保持数据一致性，从而提高系统的稳定性、可靠性和性能。

### 3. 通信效率

分布式算法的通信复杂度和负载均衡是衡量算法性能和效果的重要指标，对于保证系统的性能、效率和稳定性具有重要意义，在大规模数据处理、高并发访问和实时数据处理等场景下尤为重要。有效地提高通信效率和实现负载均衡，能够充分发挥分布式系统的潜力，提升系统的整体性能和效率。常用的评估指标如下。

1）并行加速比描述了使用多个处理器相对于单个处理器执行同一任务时所获得的性能提升。使用 $P$ 个处理器的加速比定义为

$$使用 P 个处理器的并行加速比 = \frac{使用单个处理器的运行时间}{使用 P 个处理器的运行时间} \tag{3-2}$$

2）并行效率用来衡量并行算法对处理器的利用效率，定义为

$$使用 P 个处理器的并行效率 = \frac{使用 P 个处理器的加速比}{处理器数量 P} \tag{3-3}$$

如果并行效率为 1，则表示每个处理器都得到了充分利用。

3）负载均衡描述了算法在多个节点之间分配任务的均衡程度。负载均衡好的算法能够避免节点之间的负载不均衡问题，充分利用系统的资源，提高系统的整体性能和效率。例如，在分布式任务调度系统中，负载均衡好的算法能够根据节点的负载情况动态调整任务分配策略，使得各个节点的负载尽量均衡。负载均衡可以形式化地定义为

$$\sigma = \sqrt{\frac{1}{n} \sum_{i=1}^{n} (L_i - \mu)^2} \qquad (3\text{-}4)$$

其中，$L_i$ 代表第 $i$ 个节点的通信负载，$\mu$ 代表所有节点的平均通信负载。在节点硬件配置相近的系统中，节点的通信负载可以简单定义为通信量；在节点硬件配置、网络带宽存在差异的系统中，节点的通信负载可以定义为实际通信负载与该节点的最大通信负载的比值。

在以下场景中，通信效率和负载均衡有着重要的意义。

- 大规模数据处理：在大规模数据处理场景下，节点之间需要频繁地交换数据和计算结果，通信效率和负载均衡对于保证系统的高效运行至关重要。例如，在分布式机器学习系统中，大规模数据集需要在多个节点上进行并行处理，通信效率和负载均衡影响着整个系统的性能和效率。

- 高并发访问：在高并发访问的系统中，节点之间需要处理大量的请求和任务，通信效率和负载均衡对于保证系统的稳定性和可用性至关重要。例如，在分布式 Web 服务器中，大量用户同时访问系统可能导致节点负载不均衡，影响系统的响应速度和性能。

- 实时数据处理：在实时数据处理系统中，节点之间需要实时地交换数据和计算结果，通信效率和负载均衡对于保证系统能够及时响应和处理数据具有重要意义。例如，在分布式流处理系统中，实时数据流需要在多个节点上进行并行处理，通信效率和负载均衡影响着系统的实时性和准确性。

### 4. 鲁棒性

分布式算法的鲁棒性是指算法在面对异常情况、故障或不良环境时的表现。以下是一些常见的衡量分布式算法鲁棒性的指标和例子，以及在不同实际问题下的应用情况。

- 故障容忍性：分布式算法的故障容忍性描述了算法在节点故障或网络分区等异常情况下的表现。故障容忍性好的算法能够在一些节点出现故障或无法通信的情况下依然保持正常运行。例如，在分布式数据库系统中，故障容忍性可以衡量系统在某些节点宕机或者网络分区的情况下是否能够保持数据的一致性和可用性。假设 $N_{\max}$ 是系统能够容忍的最大失效节点数，$N$ 是系统的总节点数，则 $R_n = \dfrac{N_{\max}}{N}$ 可用于表示系统的故障容忍性，较高的 $R_n$ 表明系统能够容忍更多的节点失效。

- 恢复能力：分布式算法的恢复能力描述了算法在面对故障或异常情况后的自我修复能力。恢复能力强的算法能够在故障发生后自动检测并恢复系统的正常运行状态。例如，在分布式存储系统中，恢复能力可以衡量系统在数据丢失或者节点宕机后是否能够自动进行数据重建和数据恢复。假设 $F$ 是失效节点或链路的集合，$t_{i,\mathrm{fail}}$ 是第 $i$ 个节点或链路失效的时间，$t_{i,\text{recover}}$ 是其恢复的时间，则 $T = \max_{i \in F}(t_{i,\text{recover}} - t_{i,\text{fail}})$ 可用于描述恢复能力。

- 网络抖动容忍性：分布式算法的网络抖动容忍性描述了算法在网络传输不稳定或通信延迟较大情况下的表现。网络抖动容忍性好的算法能够在网络波动或通信延迟增加的情况下依然保持可用性和可靠性。例如，在分布式实时数据处理系统中，网络抖动容忍性可以衡量系统在网络传输不稳定时是否能够保证实时数据处理的效率和准确性。

- 隔离性：分布式算法的隔离性描述了算法在面对异常情况时节点之间的隔离程度。隔离性好的算法能够确保异常情况不会影响到系统的其他部分，从而保证系统的稳定性和可用性。例如，在分布式锁管理系统中，隔离性可以衡量系统在某个节点出现异常时是否能够保持其他节点的正常运行。

分布式算法的鲁棒性评估涉及多个方面的指标和考量，需要根据具体问题和应用场景选择合适的衡量标准来进行评估。在面对节点故障、网络异常或通信延迟等情况时，鲁棒性是保证系统稳定性和可靠性的重要指标之一。

### 5. 可扩展性

分布式算法的可扩展性是指算法能够有效地适应系统规模的增长和负载的增加，而不需要进行大规模的修改或者重新设计。给定一个分布式系统和一个分布式算法，在系统规模（如节点数量、数据量）增加的情况下，如果该算法能够保持良好的性能和效率，并且不需要进行大规模的修改或者重新设计，即算法的性能能够随着系统规模的增长而线性或近似线性增长，那么该算法具有良好的可扩展性。

以下两个例子可以说明该指标的重要性。在大规模数据处理场景下，系统需要能够有效地处理海量数据，而且随着数据量的增加，系统的性能和效率应当能够保持稳定。例如，在分布式文件系统中，随着文件数量和文件大小的增加，系统需要能够保持快速的数据读写速度和高效的存储管理能力。在高并发访问的系统中，系统需要能够处理大量的请求和任务，并且在负载增加时能够动态地扩展系统规模，以保证系统的稳定性和可用性。例如，在分布式 Web 服务器中，随着用户访问量的增加，系统需要能够动态地增加服务器节点，以应对高并发访问的需求。

时间复杂度可以用于评价算法的可扩展性。分布式算法的时间复杂度可以从计算复杂度和通信复杂度两方面分析。计算复杂度衡量了在分布式系统中执行算法所需的计算资源和时间，通常涉及计算节点的计算能力、数据量大小、计算任务的复杂程度等因素。计算复杂度用于衡量分布式算法在计算资源上的消耗程度。通信复杂度衡量了在分布式系统中节点之间进行通信所需的通信资源和时间，通常涉及节点之间的消息传递次数、消息传递的延迟、网络带宽等因素。通信复杂度用于衡量分布式算法在通信资源上的消耗程度。综上所述，算法时间损耗可以

定义为

$$T_{total}(N)=O(f_A(N))+O(g_A(N)) \tag{3-5}$$

其中，$N$ 是系统的节点数量，$f_A(N)$ 是算法 $A$ 的计算量随着节点 $N$ 的增长速率，$g_A(N)$ 是算法 $A$ 的通信量随着节点 $N$ 的增长速率。

在大规模数据处理、高并发访问和实时数据处理等场景下，可扩展性是保证系统稳定性、性能和效率的关键因素之一。通过复杂度分析可以明确算法运行损耗的上下界，保证算法能够在规定的时间内执行完成，防止分布式系统出现生产事故。

# | 第4章 |

# 以加速为目标的并行分布式进化计算方法

进化计算方法存在天然的并行性，因此，实现进化计算方法并行化从而加速优化问题的求解已经成为进化计算方法研究的热点。一方面，随着信息技术的发展，我们能够利用的计算资源变得越来越丰富，多核处理器、GPU等硬件的普及为进化计算方法的并行实现提供了有力支撑。另一方面，生产生活中出现的优化问题的规模和复杂性也与日俱增，串行实现的进化计算方法面临着严重的效率瓶颈问题。以加速为目标的并行分布式进化计算方法充分发挥进化计算方法内在的并行性，把进化计算方法部署到高性能计算资源上，利用更多的计算资源并行化进化计算方法的进化过程，从而提升算法的运行效率。

总体而言，现有的并行分布式进化计算方法主要基于两种模型，即种群分布模型和维度分布模型，如图4-1所示。在种群分布模型中，多个包含至少一个个体的子种群被构建于并行计算资源之上，并根据相应的协同优化策略，协同地完成在优化问题搜索空间中的寻优，从而加速优化问题的求解过程。在维度分布模型中，原始优化问题中的决策变量被划分成若干个只包含部分决策变量的子问题，每个子问题的进化求解分别被部署到不同的并行计算资源上，通过各个子问题的并行演化来实现对原问题的高效求解。结合上述两种模型，以加速为目标的并行分布式进化计算方法有两种常见的实现机制，即并行分布式整体演化的进化计算方法，以及并行分布式协同演化的进化计算方法。前者将优化问题的所有决策变量视为整体进行并行优化，后者则先对决策变量进行解耦分组再进行并行协同优化。本章将介绍这两类以加速为目标的并行分布式进化计算方法。

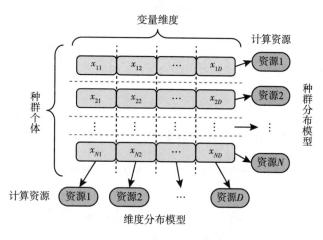

图4-1 并行分布式进化计算方法模型

## 4.1    并行分布式整体演化

在并行分布式整体演化的进化计算方法中，优化问题的所有决策变量被视为一个整体而被编码为进化计算方法中的个体，在高性能计算资源中实现基于整体演化的进化计算方法的并行化，从而加速优化问题的求解。如图 4-2 所示，一般而言，目前有两类常见的并行分布式整体演化的进化计算方法：适应值评价并行的进化计算方法，以及群体演化过程并行的进化计算方法。其中，适应值评价并行的进化计算方法一般基于主从通信模型实现，主节点负责整个进化计算方法的进化过程，仅在目标函数评价时将待评估的解发送到从节点，并行地进行解的目标函数评估；群体演化过程并行的进化计算方法则是并行化群体的演化过程，既可以通过主从模型、岛屿模型、池模型、蜂窝模型等通信模型，基于种群分布的策略，在高性能计算资源上完成子种群或个体进化过程的并行加速，也可以通过将进化计算方法矩阵化表达，并借助矩阵并行运算工具，实现进化计算方法的并行加速。在本节中，我们将对这两类并行分布式整体演化的进化计算方法进行介绍。

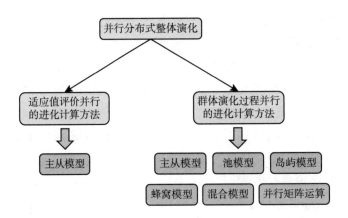

图 4-2    并行分布式整体演化框架图

### 4.1.1    适应值评价并行的进化计算

适应值评价并行的进化计算方法是最早被提出的一类并行分布式整体演化的进化计算方法。这类方法主要基于主从模型，通过让主节点独立地负责种群演化过程，从节点并行地负责个体评价过程的方式，将串行的进化计算方法迁移到多处理器的并行分布式架构中。由于适应值评价往往是进化计算中最耗时的步骤之一，因此将适应值评价并行化能提升进化计算的运行效率。本节将以 GA 算法为例，介绍基于适应值评价并行的进化计算方法。

如图 4-3 所示，在适应值评价并行的进化计算方法中，主节点负责种群的演化过程。主节点在完成种群的初始化后，首先对种群中的个体使用交叉、变异等进化算子完成种群的更新，然后将种群中的个体发送给各个从节点。从节点负责个体的评价过程。每个从节点在接收到主节点发送的个体后，独立地对个体开展评价，获得个体的适应值并发送回主节点，实现个体适应值的并行评价。主节点获得所有个体的适应值后，使用选择算子根据个体适应值对种群中个体进行选择，产生新的种群，开启下一次迭代。

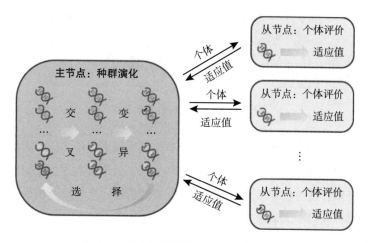

图 4-3　适应值评价并行的进化计算方法

适应值评价并行的进化计算方法还可以扩展到如图 4-4 所示的岛屿-主从分布式模型等包含主从模型的混合分布式模型中。在包含主从模型的混合分布式模型中，适应值评价并行的进化计算方法可以部署到混合模型所包含的主从模型上。

适应值评价并行的进化计算方法有如下优点。

- 实现简单：适应值评价并行的进化计算方法大致沿用了串行进化计算方法的框架，只需将个体评价的过程部署到分布式的计算资源上，即可完成算法的并行实现。
- 从节点灵活鲁棒：主节点中包含了完整的种群信息，因此可以灵活增加或删除从节点，且当从节点发生故障或无法与主节点取得联系时，不会发生严重信息丢失。
- 数据集中：由于采用了集中式的主从模型，重要数据都会被集中到主节点，大大简化了数据的收集和分析的难度。

但与此同时，适应值评价并行的进化计算方法也有以下缺点。

- 主节点鲁棒性差：主节点主导了整个进化过程，若发生崩溃，算法将无法继续进行。
- 可扩展性不足：从节点数量的增加会增大主节点通信负载，导致调度和数据聚合耗时显著增加，因此难以直接扩展到大规模场景。

从节点

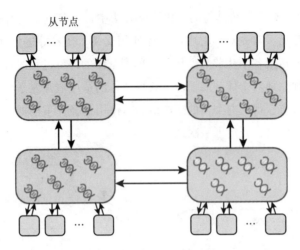

图 4-4　岛屿-主从分布式模型

- 通信效率较低：适应值评价并行的进化计算方法采用了集中式同步通信，若从节点存在滞后会导致同步开销。此外，主节点将个体发送到从节点的通信开销也不容忽视。
- 使用场景受限：适应值评价并行的进化计算方法只适用于评价开销远大于通信开销的场景，否则难以获得令人满意的优化效率。

## 4.1.2　群体演化过程并行的进化计算

在适应值评价并行的进化计算方法的基础上，学者们尝试将进化计算方法中种群的个体或子种群的演化过程部署到高性能计算资源中。由此形成的群体演化过程并行的进化计算方法提升了计算资源的利用率和求解优化问题的效率。但与此同时，群体演化过程并行的进化计算方法也对通信方式的选择、子种群间协同策略的设计等诸多方面提出了更高的要求。在本小节中，我们将根据群体演化过程并行的进化计算方法所采用的分布式通信模型，结合经典算法，对群体演化过程并行的进化计算方法进行探讨。

### 1. 基于主从模型/池模型的群体演化过程并行

基于主从模型的群体演化过程并行的进化计算方法可以视为适应值评价并行的进化计算方法的一种直接扩展。与 4.1.1 节所述的方式不同，在基于主从模型的群体演化过程并行的进化计算方法中，从节点不仅负责适应值评价，也可以部署一个子种群，执行子种群的演化优化；主节点除了需要进行种群演化之外，还需要收集全局优化信息，协调全局的演化。基于主从模型的群体演化过程并行的进化计算方法普遍采用了同步通信机制，主节点需要等待所有节点完成一定代数的子种群演化后，才能获取相应节点上子种群的局部最优信息，并进行后续的处理。在主节点获取到所有节点的优化信息后，需要确定其中的全局最优信息，然后将全局信息发送给所有的从节点，引导从节点中子种群的后续演化。从节点则需要在获取到主节点发送的全局最优信息后才开始下一轮次的种群演化。上述过程循环往复，直到算法的终止条件得到满足。此时，主节点中的全局最优个体将作为算法的最优解输出。上述基于主从模型的群体演化过程并行的进化计算方法的经典框架如算法 4-1 所示。

---

**算法 4-1：基于主从模型的群体演化过程并行的进化计算方法**

输入：节点数量 $N$
输出：全局最优解 $b$

1:　/* 并行初始化 */
2:　For 每个节点 $i$ ( $i \in \{1, 2, \cdots, N\}$ ) do in parallel
3:　　初始化节点 $i$ 上的子种群并进行评估
4:　　If 节点 $i$ 为从节点 then
5:　　　将当前节点的最优信息发送到主节点
6:　　Else if 节点 $i$ 为主节点 then
7:　　　收集所有从节点发送的局部最优信息
8:　　　综合最优信息，确定全局最优解 $b$ 以及其他全局最优信息，发送到各个从节点
9:　　End
10:　End
11:　/* 并行进化 */
12:　While 未满足终止条件 do
13:　　For 每个节点 $i$ ( $i \in \{1, 2, \cdots, N\}$ ) do in parallel
14:　　　If 节点 $i$ 为从节点 then
15:　　　　节点 $i$ 等待接收主节点发送的全局最优信息
16:　　　End
17:　　　使用进化操作对节点 $i$ 上的子种群进行一定次数的迭代更新并评估
18:　　　If 节点 $i$ 为从节点 then
19:　　　　将当前节点的最优信息发送到主节点
20:　　　Else if 节点 $i$ 为主节点 then
21:　　　　收集所有从节点发送的局部最优信息
22:　　　　综合最优信息，确定全局最优解 $b$ 以及其他全局最优信息，发送到各个从节点
23:　　　End
24:　　End
25:　End

---

在具体的实现过程中，可以在上述经典框架之中加入各种不同的改进方式，使算法获得更好的性能。具体而言，在子种群维护的方式上，基于主从模型的群体演化过程并行的进化计算方法可以通过为子种群设置不同的初始化方式，使每个子种群在搜索空间的不同区域并行地进行搜索，从而提高算法的探索性。也可以通过在主节点和从节点上设置不同的进化计算方法参数或部署不同的进化计算方法等方式，使得主节点和从节点在进化方向上存在一定的差异性，

并通过协同策略让主从节点之间进行不同优化信息的交互，从而更好地实现算法在收敛性与探索性上的平衡。在主节点与从节点的通信方式上，学者们还尝试在基于主从模型的群体演化过程并行的进化计算方法中引入异步通信机制，通过设计主从节点间异步通信的触发机制，避免因为部分子种群演化滞后而导致同步开销，从而进一步提升算法的优化效率。

基于池模型的群体演化过程并行的进化计算方法与基于主从模型的框架大体相似，只是在主从节点的分工上略有不同。在池模型中，共享资源池作为主节点，包含完整的种群信息，只负责全局种群的维护以及与各个计算节点的通信。各个计算节点作为从节点，通过访问共享资源池并从其维护的全局种群中采样的方式，获取一定数量的个体，用于当前节点上子种群的构建。随后，计算节点使用部署于其上的进化计算方法对子种群进行一定次数的更新迭代与评估，并最终将更新后的个体发送回共享资源池中。在上述并行过程中，各个计算节点是一个个相对独立的实体，只与共享资源池进行直接通信，而无须知晓其他计算节点的状态。因此，基于池模型的群体演化过程并行的进化计算方法具有内在的异构性和异步性。

基于池模型的群体演化过程并行的进化计算方法的相关研究主要集中在共享资源池的实现方式和管理策略。共享资源池的实现方式是基于池模型的群体演化过程并行的进化计算方法中的一个重要问题。tuple space 提供了可让多个处理器进行数据读写的虚拟共享内存，是最早被用于实现共享资源池的方式，并被一直沿用。除此之外，学者们还尝试使用数组、数据库，以及MapReduce 和 CouchDB 等编程模型或工具来实现共享资源池。共享资源池的管理策略则主要包括种群规模控制、采样与放回机制以及共享资源池与计算节点间的通信机制。共享资源池需要合理设置种群规模。若池中的个体太少，参与的计算节点可能无法进行采样而会进入饥饿状态（starvation），或无法采样足够的个体用于进化，从而造成计算资源的浪费。如果池中的个体太多，则进化计算方法获得最优解的计算成本会很大，极大地影响算法的收敛速度。在计算节点从共享资源池中进行采样时，应避免重复采样从而提升优化效率，且在将进化后的个体放回共享资源池中时，需要设置合理的放回机制，从而平衡算法的探索性和收敛性。对于共享资源池与计算节点之间的通信方式，由于池模型存在的内在异步性，异步通信方式实现简单且往往能获得更高的优化效率。

为了更深入地理解基于主从模型的群体演化过程并行的进化计算方法，接下来，我们将以Yang 等人提出的 DEGLSO（Distributed Elite-Guided Learning Swarm Optimizer）为例，对其整体流程进行较为详细的介绍。如图 4-5 所示，在 DEGLSO 采用的主从模型中，主节点专门负责维护全局精英个体档案集和与从节点进行通信，而从节点则负责执行种群演化的任务。这种分工显著降低了主节点的负载，增强了算法的可扩展性。此外，DEGLSO 还设计了一种基于请求-响应机制的自适应异步通信策略。通过这种策略，从节点能够根据子种群的搜索状态，灵活地触发与主节点之间的通信，从而提升了主从节点间的通信效率。在 DEGLSO 中，当从节点的子种群找到新的全局最优个体，或子种群连续两代的精英个体集存在交集时，则分别会向主节点发送子种群的全局最优个体以及更新请求。主节点在接收到从节点的全局最优个体后，会对档案集进行更新，而在接收到更新请求时，则从档案集中随机挑选部分精英个体发送给从节点，增加从节点的种群多样性。精英学习策略的引入不仅使算法的优化能力得到了保障，还在一定程度上提升了算法的优化效率。上述策略的综合使用使得 DEGLSO 在保持出色优化能力的同时，获得了近似线性加速比和较好的可扩展性。

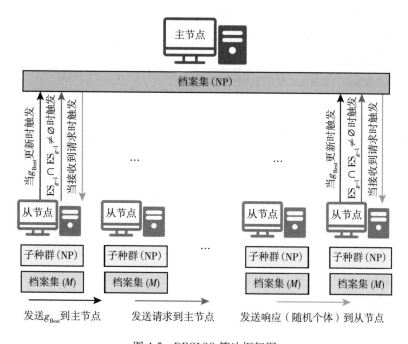

图 4-5　DEGLSO 算法框架图

　　总体而言，基于主从模型的群体演化过程并行的进化计算方法继承了主从分布式通信模型的优缺点，其实现较为简单且具备较好的容错性，但主节点负载瓶颈的存在使得其在可扩展性方面存在一定的不足。基于池模型的群体演化过程并行的进化计算方法则具有较高的灵活性和可扩展性。由于计算节点与共享资源池之间是松耦合的，因此可以较为灵活地增减计算节点的数量，从而适应不同的优化场景。此外，通过对共享资源池进行备份，基于池模型的群体演化过程并行的进化计算方法能够获得很好的容错性。但基于池模型的群体演化过程并行的进化计算方法的实现较为复杂，且需要设计合理的共享资源池管理策略，才能获得令人满意的性能。

### 2. 基于岛屿模型的群体演化过程并行

　　在基于岛屿模型的种群演化过程并行的进化计算方法中，分布式计算资源中的每个节点以及其上构建的子种群形成一个"岛屿"。在完成子种群的初始化后，每个岛屿都根据部署的进化计算方法，对构建的子种群进行相对独立的并行进化。在完成一定次数的迭代后，岛屿之间根据设定的拓扑结构和被称为"迁移"（migration）的协同策略，开展子种群之间的协同。岛屿之间的通信方式既可采用同步通信策略，让每个岛屿上构建的子种群都进行相同次数的迭代更新后，再将当前节点的优化信息发送给所有其他岛屿；也可以采用异步通信策略，当岛屿上的子种群满足相应的通信触发条件之后，即可开展通信。岛屿既可以部署相同的进化计算方法，也可以部署具有不同设置的进化计算方法，形成异构岛屿。上述基于岛屿模型的演化过程并行的进化计算方法的经典框架如算法4-2所示。

---

**算法 4-2：基于岛屿模型的种群演化过程并行的进化计算方法**

---

输入：节点数量 $N$
输出：全局最优解 $b$
 1：  /* 并行初始化 */
 2：  For 每个节点 $i(i \in \{1,2,\cdots,N\})$ do in parallel
 3：      初始化节点 $i$ 上的子种群并进行评估
 4：      根据拓扑结构和迁移策略，向节点 $i$ 的邻域节点发送优化信息
 5：      If 采用集中式控制策略 and 节点 $i$ 为主节点 then
 6：          主节点 $i$ 收集所有节点的优化信息
 7：          综合全局优化信息，并将相关优化信息发送给各个节点
 8：      End
 9：  End
10：  获取全局最优解 $b$
11：  /* 并行进化 */
12：  While 未满足终止条件 do
13：      For 每个节点 $i(i \in \{1,2,\cdots,N\})$ do in parallel
14：          节点 $i$ 获取可通信节点发送的优化信息，根据迁移策略对子种群进行更新
15：          If 采用同步通信策略 then
16：              等待所有节点完成优化信息的传播
17：          End
18：          使用进化操作对节点 $i$ 上的种群进行一定次数的迭代更新并评估
19：          根据拓扑结构和迁移策略，向节点 $i$ 的邻域节点发送优化信息
20：          If 采用集中式控制策略 and 节点 $i$ 为主节点 then
21：              主节点 $i$ 收集所有节点的优化信息
22：              综合全局优化信息，并将相关优化信息发送给各个节点
23：          End
24：      End
25：      更新全局最优解 $b$
26：  End

---

在基于岛屿模型的演化过程并行的进化计算方法的相关研究中，学者们主要关注有关岛屿间通信拓扑和迁移策略的研究。在通信拓扑方面，最初的基于岛屿模型的演化过程并行的进化

计算方法中采用了静态完全图作为拓扑结构，任意两个岛屿之间都可以开展通信。在后续的研究中，基于环形、超立方、网络、二叉树等不同通信拓扑结构的岛屿模型也被相继提出。而在近些年的研究中，基于动态拓扑的岛屿模型被广泛关注。在基于动态拓扑的岛屿模型中，在每次岛屿之间的迁移协同开始之前，会基于随机方式或历史记录的子种群优化信息对岛屿的邻域进行调整，从而使得算法具备更好的探索性和收敛性。而在岛屿间的迁移策略方面，学者们则关注迁移参数的设定。在迁移策略中的迁移参数主要包括每次迁移个体的数量、两次迁移之间的间隔（一般与子种群的迭代次数相关）、迁移个体的选择方式（最佳、最差或随机）和迁入个体替换当前子种群中个体的方式（最差、随机或最相似）。正确的参数配置往往能使基于岛屿模型的演化过程并行的进化计算方法获得更好的性能。

在基于岛屿模型的演化过程并行的进化计算方法的具体设计中，往往需要同时对通信拓扑与迁移策略进行考虑，使得彼此相互适配，才能获得令人满意的优化效果。在 Al-Betar 等人提出的岛屿蝙蝠算法（island Bat Algorithm，iBA）中，作者基于动态的随机环状拓扑结构，使用蝙蝠优化算法对子种群进行优化，算法演化与迁移的过程如图 4-6 所示。在每个岛屿完成子种群的构建和初始化后，先并行地对子种群进行一定次数迭代更新和评估，然后开始同步通信。同步通信的第一步是构建岛屿间的单向随机环状拓扑，每次迁移开始前都随机生成一个单向环状拓扑；第二步是迁移个体的发送与接收，每个岛屿根据当前的单向环状拓扑，将迁移个体发送给下一个岛屿，并接收上一个岛屿发送的迁移个体。岛屿演化与迁移过程循环往复，直到算法终止。在迁移策略方面，iBA 采用了最优-最差的迁移策略，选择当前子种群中的最优个体作为迁移个体，迁移到别的岛屿中，接收到别的岛屿迁移过来的个体后，替换掉当前子种群中的最差个体。在探究迁移参数的实验结果中，我们可以发现，迁移间隔和迁移数量的设置会在一定程度上影响算法的性能。具体而言，较小的迁移间隔以及较大的迁移个体数量虽然能增加子种群的多样性，但却对子种群的寻优能力造成了一定的影响。与此相对，较大的迁移间隔和较小的迁移个体数量则能够让子种群更好地收敛，但算法会损失一些探索能力。

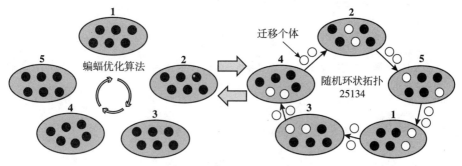

图 4-6　iBA 演化与迁移过程

总体而言，基于岛屿模型的演化过程并行的进化计算方法是一类灵活性较高的并行分布式进化计算方法。通过设置不同的节点数量、通信拓扑结构以及迁移策略，基于岛屿模型的演化过程并行的进化计算方法能够适用于众多并行分布式场景。但基于岛屿模型的演化过程并行的进化计算方法在鲁棒性方面存在一定的不足，如果某个子节点崩溃，可能会永久性地失去部分种群信息。

### 3. 基于蜂窝模型的群体演化过程并行

基于蜂窝模型的群体演化过程并行的进化计算方法，也被称为基于细胞模型的群体演化过程的进化计算方法，是一类细粒度的并行进化计算方法。这类方法虽然只维护了一个种群，但却通过将种群中的个体按网格状进行组织并部署到高性能计算资源上，实现了个体层面的并行和种群进化过程的整体加速。在理想情况下，可以通过为种群中的每个个体分配独立的计算节点的方式，实现"个体并行"。在并行进化的过程中，种群中的每个个体还会根据设定的网格拓扑与邻域节点进行通信，获取种群中其他个体优化信息，完成自身进化。在个体完成进化后，可根据同步或异步方式实现对种群的更新。在同步方式中，进化后的个体被存储到辅助种群中，等待所有个体完成更新后再对当前种群进行替换。在异步更新方式中，进化后的个体可直接替换原个体，无须等待统一更新，因此每个个体的进化代数可能存在差别。基于蜂窝模型的群体演化过程并行的进化计算方法的经典框架如算法 4-3 所示。

---

**算法 4-3：基于蜂窝模型的群体演化过程并行的进化计算方法**

输入：种群规模 $N$

输出：全局最优解 $b$

1: 并行初始化种群中的个体，并从中获取全局最优解 $b$
2: /* 并行进化 */
3: While 未满足终止条件 do
4:   For 每个个体 $i$ ($i \in 1, 2, \cdots, N$) do in parallel
5:     根据拓扑结构，获取邻域节点的优化信息
6:     If 采用同步更新 then
7:       使用进化操作获得个体 $i$ 子代，将需要保留的个体保存到辅助种群 auxPop
8:     Else If 采用异步更新 then
9:       使用进化操作获得个体 $i$ 子代，若可替换个体 $i$，则直接进行替换
10:     End
11:   End
12:   If 采用同步更新 then
13:     等待所有个体更新完成后，使用辅助种群 auxPop 替换当前种群
14:   End
15:   更新全局最优解 $b$
16: End

---

基于蜂窝模型的群体演化过程并行的进化计算方法的一个显著特征是将种群中的个体组织成网格状，使得每个个体在完成自身进化的过程中只能与邻域内的个体进行信息交流。由于邻域的相对隔离性，算法中种群的进化过程可以被视为多个重叠子种群在搜索空间中并行地进行搜索，因此算法具备较好的全局搜索能力。与此同时，在种群进化的过程中，种群中优秀个体的优化信息在重叠邻域中进行扩散的过程较为缓慢，进一步增强了算法的探索性。此外，由于每个个体仅与邻域内的个体进行信息交流，每个邻域还具备良好的局部搜索能力。

现有基于蜂窝模型的群体演化过程并行的进化计算方法工作中使用的拓扑结构通常是二维网格，但网格的维度可以很容易地扩展到三个或更多（或减少）。在二维网格拓扑中，常用的邻域结构如图 4-7 所示。其中，标签 L$n$（Linear-$n$）指的是当前个体与位于其四个轴向方向（东、南、西、北）上最近的一些个体构成的大小为 $n$ 的邻域，标签 C$n$（Compact-$n$）指的是当前个体与位于其各个方向（水平、垂直、对角线）上最近的一些个体构成的大小为 $n$ 的邻域。在上述六种邻域结构中，最常用的两类邻域结构分别是：L5 邻域，也被称为冯·诺依曼邻域或东南西北邻域；以及 C9 邻域，也被称为 Moore 邻域。

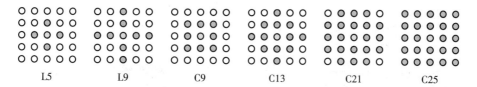

图 4-7  基于蜂窝模型的群体演化过程并行的进化计算方法常用的邻域结构

在现有的基于蜂窝模型的群体演化过程并行的进化计算方法的相关工作中，不少都致力于分析不同拓扑结构对算法性能的影响，尤其是有关算法在不同拓扑结构上的选择强度（selection intensity）的研究。在进化计算方法中，选择强度是指在选择操作中，个体被选择进入下一代的概率与其适应度大小之间的关系。选择强度越高，适应度较高的个体被选择的概率就越大，而适应度较低的个体被选择的概率就越小。这些研究中使用了接管时间（takeover time）来表征算法的选择强度。接管时间被定义为一个最佳个体接管整个群体所需的时间。接管时间越短，表明选择压力越大，因此算法的利用率越高。而降低选择强度，算法会变得更具探索性。相关研究结果表明，网络拓扑结构的选择会对选择强度和算法性能产生重大影响。一些学者还对不同拓扑结构下的算法最优种群大小以及邻域半径与拓扑半径之间的比值对算法性能的影响进行了研究。还有学者对基于蜂窝模型的群体演化过程并行的进化计算方法在并行环境下的容错性进行了探索。

在基于蜂窝模型的群体演化过程并行的进化计算方法中，当种群的规模较大时，往往难以提供如此大量的计算节点使得种群中的每个个体都在一个独立的计算节点上进行进化。在此情况下，一种较为实用的方法是将原始种群划分成若干个子种群，并将子种群部署到计算节点上。这类实现方式的一个例子是 Luque 等人提出的 apcGA（asynchronous parallel cellular GA）。apcGA 的种群组织架构示意图如图 4-8 所示。在 apcGA 中，种群中的个体被组织成一个二维网格。由于计算节点数目有限，这个二维网格被划分成若干个同质的子网格，子网格的数量为可用计算节点数，从而使得到的每个子网格都能够被部署在一个独立的计算节点上。每个计算节点的子网格上都使用经典的基于蜂窝模型的遗传算法进行种群进化。其中，位于子网格边缘的个体需要与获取位于周围子网格的边缘个体的优化信息来完成自身的进化。因此，相邻子网格之间需要进行通信来完成优化信息的交流。为了提升通信效率，apcGA 采用了异步通信方式，每个计算节点无须等待相邻的计算节点，如果存在相邻节点发送过来的最新待处理数据，则处理和使用这些数据，否则，继续使用从邻域节点接收到的最新数据来完成自身的迭代。值得注意的是，尽管图 4-8 中所示的种群组织架构方式与岛屿-蜂窝混合模型相似，但在逻辑上，apcGA 仍然是一个完整的种群。在实现过程中，种群中的个体被部署在分布式计算节点上，但这并不改变其作为一个整体种群的性质。

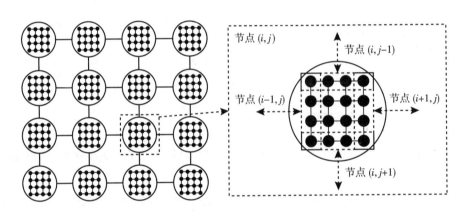

图 4-8　apcGA 的种群组织架构示意图

总体而言，基于蜂窝模型的群体演化过程并行的进化计算方法具有易于实现、优化效率较高等特点，且具备较好的全局搜索能力和局部搜索能力。但当种群规模较大时，基于蜂窝模型的群体演化过程并行的进化计算方法需要的计算节点数目较多，且种群内部的交互可能会不够充分，导致种群收敛速度较慢。

**4. 基于混合模型的群体演化过程并行**

基于混合模型的群体演化过程并行的进化计算方法，也被称作基于层次模型的群体演化过程并行的进化计算方法。在这类方法中，多个分布式模型通过相互嵌套的方式进行混合，形成一个具有层次结构的混合分布式模型。在这个混合分布式模型中，一个个子种群被构建在负责种群进化的计算节点上，并使用相应的进化计算方法对自身进行迭代进化。在进行并行进化的同时，子种群之间还会根据混合模型中定义的拓扑结构，开展同步或异步的通信，实现子种群间的信息交换与协同进化。上述并行进化与通信的过程不断进行，当终止条件被满足后，算法将优化过程中得到的最优解或最优解集作为最终结果输出。在基于混合模型的群体演化过程并行的进化计算方法中，由于使用了多种分布式模型，系统具备天然的异构性，且子种群之间的协同方式较为多样。多层次分布式模型的采用，还能够提升子种群并行的粒度和计算节点的优化效率，以及整个分布式计算系统的容错性和鲁棒性。

理论上，我们可以将各种分布式计算模型以任意方式进行无限多层的嵌套混合，从而形成无数种混合模型，进而衍生了无数多种基于混合模型的群体演化过程并行的进化计算方法。但在实际的算法设计与实际应用中，基于混合模型的群体演化过程并行的进化计算方法一般只会采用两至三层的混合模型。过多层次的分布式模型嵌套会大幅增加最终的混合模型的复杂性，进而导致模型难以管理和维护、需要的计算节点数量大幅上升、子种群之间无法进行较为充分的信息交换等问题的出现。因此，在设计基于混合模型的群体演化过程并行的进化计算方法时，需要对模型嵌套混合的必要性进行充分考虑，并设计与混合模型相适配的模型维护与通信策略，以实现对分布式计算资源的充分利用。

经过精心设计的基于混合模型的群体演化过程并行的进化计算方法，同时具备多个分布式模型的优点，使得分布式进化计算方法的优化能力和可扩展性得到提升。但与此相对应，这类方法在模型的实现和维护上，比基于单一分布式模型的群体演化过程并行的进化计算方法更为复杂。

## 4.2 并行分布式协同演化

并行分布式协同演化的进化计算方法基于维度分布模型，通过将原始优化问题的决策变量分解得到的子问题部署到分布式计算资源上进行并行优化，加速优化问题的求解，其整体运行框架如图 4-9 所示。首先，使用 CCVIL（Cooperative Coevolution with Variable Interaction Learning）、DG（Differential Grouping）等方法将原始优化问题中的高维决策变量分解，获得若干个只包含原问题部分决策变量的低维子问题。然后将分解得到的子问题部署到分布式计算资源上，使用进化计算方法构建并更新子种群，实现子问题的并行优化。在优化的过程中，根据设定的协同策略进行子种群间的协同从而实现子种群中个体的评估。最后，将优化得到的最优完整解作为最终的结果输出。有关基于分解的协同进化计算方法（合作协同进化算法，Cooperative Coevolution Evolutionary Algorithm，CCEA）中问题分解和协同策略的相关介绍可参见 2.4.3 节中的 CCGA。在本节中，我们将结合 CCEA 的并行协同演化框架，对并行分布式协同演化的进化计算方法在实现中存在的问题，以及学者们提出的相应协同优化策略进行介绍。

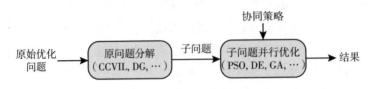

图 4-9　并行分布式协同演化的进化计算方法框架图

## 4.2.1　并行协同演化框架

我们将首先介绍基于串行协同演化框架的 CCEA，然后阐述基于并行协同演化框架的 CCEA，从而更直观地展示这两种框架下 CCEA 的异同。

基于串行协同演化框架的 CCEA 的运行框架如图 4-10 所示。在图 4-10 中，拥有 $D$ 个决策变量的优化问题 $C = \{x_1, x_2, \cdots, x_D\}$ 首先被划分为 $M$ 个子问题。在随后的子问题优化的过程中，唯一的计算节点在某一时刻只会进行一个子种群的进化，而不会对其他的子种群进行操作。因此，当一个子种群进化时，其他子种群都保持固定不变，任何时刻都只有一个子种群正在进化。在子种群进化的过程中，个体的评估往往需要通过协同策略，将当前个体与其他子种群中的最优个体进行组合，形成原始优化问题的完整解进行评估。在优化过程的每一次迭代中，一个个子种群按一定的顺序进行进化，当某个子种群搜索到新的全局最优时，会将其设置为当前子种群的最优个体。因此，在该子种群完成进化后，后续的子种群可以立即利用先前进化的种群所取得的进步，保证了优化过程的"单调向优"，即后续的优化过程获得的优化结果一定不劣于先前获得的优化结果。

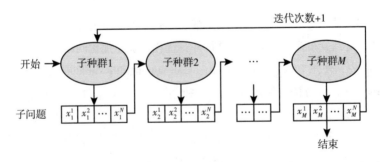

图 4-10　基于串行协同演化框架的 CCEA 的运行框架

从基于串行协同演化框架的 CCEA 运行框架中可以看出，由于 CCEA 采用了分而治之的策略，分解得到的每一个子问题都相对独立，具有内在的并行性。因此，学者们自然而然地开始尝试将 CCEA 部署到高性能计算资源上，开发并行实现的 CCEA。

基于并行协同演化框架的 CCEA 的运行框架如图 4-11 所示。在并行协同演化框架的 CCEA 中，子问题被部署到高性能计算资源中的不同节点上。在传统的基于并行协同演化框架的 CCEA 中，通常将一个子问题部署到一个计算节点上，使用进化计算方法构建子种群实现子问题的并行优化。因此，子种群之间是否并行地完成进化过程是区分并行 CCEA 与串行 CCEA 的依据。在基于并行协同演化框架的 CCEA 中，为了降低计算节点间的通信成本，子种群之间的协同往往不会在子种群完成一次种群迭代后便立即开始，而是让子种群完成一定次数的迭代更新后再进行协同。因此，图 4-11 中的"迭代次数+1"往往意味着子种群进行了多次迭代。这种方式也使得子种群无法马上利用其他子种群的最新优化结果，而只能利用其他子种群在上一次迭代中实现的改进。

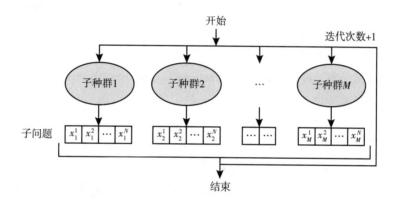

图 4-11　基于并行协同演化框架的 CCEA 的运行框架

## 4.2.2　协同优化策略

在基于并行协同演化框架的计算方法中，由于各个子问题被部署在高性能计算资源上进行相对独立的并行优化，因此，实现协同的难度增大。这引发了一系列问题，包括如何设计子种群间的高效协同策略、如何为子种群设定合适的通信方式和通信频率，以及如何合理分配计算资源等。上述问题对并行分布式协同演化进化计算方法的优化能力和效率均会产生一定的影响。因此，学者们提出了各种各样的协同优化策略，以期提升并行分布式协同演化的进化计算方法的性能。在本小节中，我们将选取部分具有代表性的协同优化策略，对其提出动机和解决方案进行介绍。

### 1. 协同策略

在 CCEA 中，为了评估子种群中仅包含部分决策变量的个体，需要通过直接或间接的方式完成子种群间的协同。有关 CCEA 中协同策略的相关介绍可参见本书 2.4.3 节。若采用代表个体协同策略，在串行 CCEA 中，可以通过在计算节点中维护所有子种群均能访问全局最优解来实现子种群之间的协同。然而，在并行分布式场景下，各个子种群被部署于高性能计算资源上，若采用类似于串行 CCEA 的基于全局最优解的协同方式，就需要设定中心节点来收集和处理各个子问题的优化信息，并将最新的全局最优解信息发送到各个子节点以供后续优化使用。这种集中式的协同方式确保了全局最优解的一致性，但也带来了中心节点瓶颈和低通信效率等问题。一些并行 CCEA 采用了分布式的协同方法，不再设定固定的全局中心节点，而是在计算节点构建的邻域内进行分布式协同。尽管分布式协同方式可以提高算法的运行效率，但在实现全局一致性和全局收敛上存在一定的困难。对于基于代理模型的协同策略，设置中心节点进行代理模型的集中式训练往往能获得精度更高的代理模型，但也会造成中心节点瓶颈和低通信效率的问题。基于邻域数据进行训练则可以获得更高的通信效率，但会对代理模型的精度造成一定的影响。

若子种群包含的决策变量之间存在重叠，即原始优化问题中的一个决策变量同时被多个子种群优化，基于因式分解的进化计算方法（Factored Evolutionary Algorithm, FEA）提出了基于竞争和共享的协同策略来实现子种群间的协同。

FEA 竞争策略的目标是找到在每个维度上的最佳适应值。对于每一个决策变量，FEA 会遍历并比较所有包含该决策变量的子种群，并从这些子群中找出最优值。FEA 竞争算法如算法 4-4 所示。首先生成用于遍历决策变量的随机排列 randVarPerm，然后初始化最优信息 bestFit 和 bestVal。接下来，生成一个随机排列 ranPopIndex，用于遍历所有包含决策变量 $X_i$ 的子种群，在遍历子种群的过程中，如果获得更好的解，则对 bestFit 和 bestVal 进行更新。再根据随机顺序遍历完所有包含决策变量 $X_i$ 的子种群，使用获得的最优决策变量 bestVal 对 $G[X_i]$ 进行替换。最后，当所有决策变量都被遍历完后，得到新的全局最优解 $G$。

---

**算法 4-4：FEA 竞争算法**

输入：决策变量 $X = [X_1, X_2, \cdots, X_N]$，评估函数 $f$，子种群集合 $S$
输出：全局最优解 $G$

```
1:   randVarPerm←生成 1 到 N 的随机排列
2:   For ranVarIndex = 1 to N do
3:       i←randVarPerm[ranVarIndex]
4:       bestFit←f(G)
5:       bestVal←G[X_i]
6:       S_i←{S_k | X_i ∈ S_k}
7:       randPopPerm←生成 1 到 |S_i| 的随机排列
8:       For ranPopIndex = 1 to |S_i| do
```

| 9: | $S_j \leftarrow S_i [\mathtt{randPopPerm}[\mathtt{ranPopIndex}]]$ |
|---|---|
| 10: | $G[X_i] \leftarrow S_j[X_i]$　// 使用从子种群 $S_j$ 中获得的最优决策变量进行替换 |
| 11: | If $f(G)$ 优于 bestFit then |
| 12: | bestFit $\leftarrow f(G)$ |
| 13: | bestVal $\leftarrow S_j[X_i]$ |
| 14: | End |
| 15: | End |
| 16: | $G[X_i] \leftarrow$ bestVal |
| 17: | End |

　　FEA 的共享策略则是将让所有子种群共享通过竞争策略得到的优化信息，从而引导子种群的后续进化过程。FEA 共享算法如算法 4-5 所示。首先，子种群将全局最优解 $G$ 中除了当前子种群包含的决策变量之外的其他所有决策变量的值保存到变量 $R_i$ 中。在后续的进化中，子种群中的个体可以借助 $R_i$ 构建原始优化问题的完整解进行评估。然后，选择出当前子种群中的最差个体，使用全局最优解 $G$ 中的相应变量进行替换，并重新评估适应值，以提升算法的性能。

**算法 4-5：FEA 共享算法**

输入：全局最优解 $G$，子种群集合 $S$，评估函数 $f$

| 1: | For $S_i \in S$ do in parallel |
|---|---|
| 2: | $R_i \leftarrow G \backslash S_i$ |
| 3: | 选取子种群 $S_i$ 中最差个体 $p_w$ |
| 4: | $p_w \leftarrow G \backslash R_i$ |
| 5: | $p_w \cdot$ fitness $\leftarrow f(p_w \cup R_i)$ |
| 6: | End |

### 2. 通信机制

　　在基于并行协同演化框架的 CCEA 中，子种群被部署于高性能计算资源上，它们需要通过通信交换优化信息的交互从而实现相互之间的协同。在这个过程中，选择适当的通信频率和通信方式对算法的优化效率和优化效果至关重要。因此，下面对并行分布式场景下 CCEA 的通信频率和通信方式进行介绍。

（1）通信频率

　　为了降低计算节点间的通信成本，并行 CCEA 中子种群之间的协同往往不会在子种群完成一次种群迭代后便立即开始，而是让子种群完成一定次数的迭代更新后再进行协同。子种群独立迭代的次数可视为并行 CCEA 的通信频率，独立迭代的次数越多，则通信频率越低，反之，通信频率越高。

在并行 CCEA 中，较低的通信频率意味着更高的优化效率，但过低的通信频率容易使得子种群的优化陷入局部最优。在 CCEA 中，子种群中个体的评估需要考虑其他子种群的优化信息。较低的通信频率会导致子种群之间无法及时完成优化信息的交互，而只能基于上一次协同的优化信息进行搜索，增加了陷入局部最优的可能性。同时，过多的独立迭代次数可能会使子种群在收敛后进行无效搜索，造成计算资源的浪费。较高的通信频率则能够使各个子种群之间及时完成优化信息的交互，从而实现更高质量的协同。但过于频繁的通信却会大幅增加计算节点的通信开销，从而大大降低算法的整体运行效率。

因此，结合进化计算方法的特点，自适应地设置算法的通信频率是一种可行的尝试。在优化的前期，各个子种群可以进行更多的独立迭代，以充分探索搜索空间。而在优化的后期，算法开始收敛后，通过提升通信频率，可以让各个子种群之间及时协同，从而降低陷入局部最优的可能性。通过自适应地设置通信频率，可以使并行 CCEA 在不同优化阶段平衡探索和开发的需求，以提高算法的优化效率和优化结果的质量。

（2）通信方式

并行 CCEA 的通信方式主要分为同步通信和异步通信，在使用同步通信方式的并行 CCEA 中，需要等待所有计算节点都完成子种群的独立迭代后才能进行通信。因此，使用同步通信的 CCEA 可以确保每个子种群都使用最新的优化信息进行协同。同步通信的过程既可以基于中心节点实现集中式通信，也可以基于分布式通信策略实现分布式通信。其中，同步集中式通信的 CCEA 在通信架构上可以被视为串行 CCEA 在并行分布式场景下的直接扩展，因此实现起来较为简单，且能保证全局的一致性。在同步通信中，由于需要等待所有子种群完成当前迭代的操作才开展通信，导致了同步开销，降低了算法的并行效率。

在使用异步通信方式的并行 CCEA 中，各计算节点完成自身子种群的独立迭代优化后即可进行通信操作。在通信过程中，节点需要向进行通信的节点发送自身最新的优化信息，并试图从其他节点获取最新的优化信息。如果未能获取到其他节点的最新优化信息，则继续使用先前获取的信息进行下一轮迭代优化。因此，使用异步通信的并行 CCEA 避免了同步开销，提高了算法的运行效率。但与此同时，使用异步通信的并行 CCEA 无法保证各子种群始终能够获取其他子种群的最新优化信息，因此在优化效果上可能会稍逊色于使用同步通信的并行 CCEA。此外，在全局评估次数固定的情况下，运行速度较快的子种群可能会"窃取"运行速度较慢的子种群的评估次数，导致子种群之间的进化不均衡。

3. 资源分配策略

自从首个基于分解的协同进化计算方法（CCGA）被提出以来，众多后续的基于分解的协同进化计算方法，无论是基于串行协同演化框架还是基于并行协同演化框架，都沿用了 CCGA 中的子问题优化框架，即平均循环策略（even round robin strategy）。在平均循环策略中，每个子问题被分配等量的计算资源，且在每个循环周期内，所有子问题都会执行相同次数的迭代优化。具体来说，在串行协同演化框架中，唯一的计算资源被各个子问题依次使用，待所有子问题都完成相同次数的迭代优化后，算法会进入下一个优化循环。在并行协同演化框架中，高性能计算资源被均等地分配给每个子问题。每个子问题在并行地完成相同次数的迭代优化后，将根据预先设定的协同策略进行子问题间的协同操作，随后进入下一个优化循环。

在使用平均循环策略将计算资源平均分配给各个子问题时，我们通常假设每个子问题在重要性上是等同的，且优化每个子问题所产生的计算负载也是相同或相近的。然而，在众多实际应用中，各个子问题往往具有不同的重要性和优化难度，因而它们对全局目标的贡献也是不均等的。在这种情况下，如果采用平均循环策略，可能会导致一些子问题的优化已经陷入停滞状态而其他一些子问题还需要进行更多次迭代才能获得更好的解，从而造成了计算资源的浪费。此外，在某些优化问题中，相互耦合的决策变量可能形成规模大小不一的子成分。当基于决策变量间的耦合性对这类问题进行分解时，得到的子问题的规模往往会大小不一甚至可能存在较为显著的差异，进而导致各个计算节点存在不均等的计算负载。此时，仍然采用平均循环策略为每个子问题分配等量的计算资源显然是不合理的。

相较于串行场景，上述问题对并行分布式场景下 CCEA 的优化效果和优化效率会产生更为显著的影响。一方面，并行实现的 CCEA 通常无法立即利用其他子种群的最新优化结果，而只能依赖上一次协同时获得的信息。因此，合理的资源分配策略能够使那些对全局目标贡献更大的子问题获得更多的计算资源，从而获得更优质的子解，并通过协同机制实现信息共享，引导各个子问题找到更好的全局最优解。同时，对于贡献较小的子问题，通过分配较少的计算资源，可以避免因陷入停滞状态而导致的计算资源浪费。另一方面，在分布式并行场景下，均衡各个计算节点的计算负载对算法的运行效率至关重要。特别是在同步通信模式下，如果计算节点之间存在较大的计算负载差异，负载较小的节点将需要等待负载较大的节点完成通信后才能进行同步协同，这将导致较大的同步开销，降低计算资源的利用效率。针对这些问题，学者们也提出了各种针对分布式并行场景下 CCEA 的资源分配策略，下面，我们将对具有代表性的资源分配策略进行介绍。

（1）基于贡献度的资源分配策略

在现实中，对于众多优化问题，不同的决策变量对全局目标的贡献度往往存在差异。因此，使用 CCEA 对原始问题进行分解获得的各个子问题对全局目标的贡献度也往往存在差异。为了对计算资源进行更合理的分配，基于并行协同演化框架的 CCEA 可基于子问题的历史优化信息，计算各个子问题在全局目标值上长期或短期的改进量作为其贡献度，然后根据得到的贡献度动态地调整计算资源的分配方式，增加具有更大贡献的子问题的计算资源，减少贡献度较少的子问题的计算资源，从而提升算法的优化性能。

Jia 等人提出了一种用于求解大规模优化问题的基于自适应计算资源分配的双层分布式协同进化算法（double-layer Distributed Cooperative Coevolution with Adaptive computing resource allocation，DCCA）。DCCA 中包含了两种分布式进化计算模型：维度分布模型和池模型。在求解大规模优化问题时，DCCA 外层的维度分布模型首先将原始高维问题分解为多个低维子问题，并构建相应的子种群，用于子问题的优化。然后，DCCA 使用池模型将合适的计算量分配给各个子种群。DCCA 算法框架图如图 4-12 所示。其中，资源分配器不参与优化，而是作为整个优化过程中的协调中心，负责变量划分、池模型节点维护、子种群优化信息和贡献度信息收集、资源分配等任务。在 DCCA 中，维度分布模型可以采用任意的变量划分方式对原始问题进行分解。完成分解后，每个子问题都被分配了等量的计算资源进行并行优化。然后，当所有子问题都完成一定次数的迭代优化后，将贡献度和相应子种群最优个体信息发送到资源分配器中。其中，DCCA 采用了累积全局目标改进量作为子问题的贡献度。资源分配器获取所有子问题贡献度后，根据式（4-1）计算每个子问题的优先度，其中 $contribution_i$ 为子问题 $i$ 的贡献度，$|P_i|$ 为子问题 $i$ 所拥有的计算节点数量。然后，选择优先度最高且计算节点数量没有大于数量上限的子问题作为接收者，优先度最低且计算节点数量没有小于数量下限的子问题作为赠送者，将赠送者中的一个计算节点分配给接收者。

$$priority_i = \frac{contribution_i}{|P_i|} \tag{4-1}$$

当获得或失去计算节点后，我们需要对相应子种群的优化情况进行调整。在 DCCA 中，每个子种群都在分配的计算节点上部署更次级的子种群，并根据所选定的进化计算方法进行子问题的实际迭代优化。当获得新的计算节点后，子问题可以在新节点上部署一个新的次级种群，用于子问题的后续优化。而对于增加种群数量无法有效提升性能的进化计算方法，还可以通过将现有子种群中的个体均匀分配到各个计算节点，增加每个计算节点中新的次级子种群的最大迭代次数的方式，实现对新增计算资源的利用。对于失去计算节点的子种群，则通过与上述过程相反的，即减少次级子种群数量或最大迭代次数的方式，对子问题的后续优化方式进行调整。

总体而言，基于贡献度的资源分配策略会根据各个子问题的历史优化信息，向对全局目标具有更大贡献度的子问题分配更多的计算资源。在此基础上，我们还可以进一步通过评估各个子问题的优化难度、优化潜力等因素，对子问题的优化性质进行更为全面和综合的考量，从而更精准地确定计算资源的分配方式，以更好地实现算法在开发和利用之间的平衡。

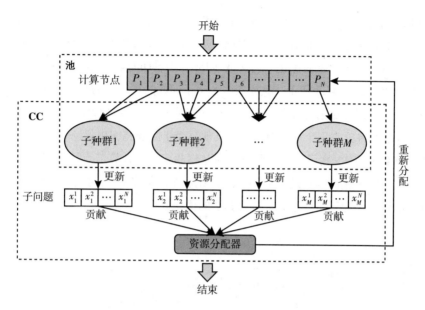

图 4-12　DCCA 算法框架图

（2）基于计算负载的资源分配策略

在使用 CCEA 对优化问题进行分解时，为了最小化各个子问题之间的耦合度，可能会得到规模大小不一的子种群。一个经典场景是当使用 CCEA 进行社交网络优化时，使用社区划分算法对社交网络划分，经常会获得大小不一甚至规模差距悬殊的子网。在串行 CCEA 中，无论子问题规模大小如何，都使用同一个计算节点进行计算，因此无须考虑计算负载。但在并行分布式场景下，计算节点负载不均衡往往会增加通信开销，降低算法的运行效率。因此，根据计算负载对并行分布式计算资源进行合理分配，能有效提升算法的优化效率。

在基于并行协同演化框架的 CCEA 中，优化各个子问题的计算负载往往与子问题的规模直接相关。子问题的规模越大，迭代优化所需的计算资源就越多。针对这个问题，基于计算负载的资源分配策略大体可以根据以下两种思路实现资源的合理分配。

第一种思路是将更多的计算资源分配给规模较大的子问题。通过为规模较大的子问题分配更多的计算资源，可以加速子问题的优化过程，提升算法的整体优化效率。在具体的实现方式上，可以将当前子问题视为一个独立的优化问题，采用并行分布式进化计算方法对这个子问题进行优化。通过在已有的维度分布模型的基础上嵌套种群分布模型乃至维度分布模型的方式，增加该子问题所能够利用的计算资源的量。上一小节中所描述的 DCCA 可以被视为这一思路的一种具体实现。我们可以认为，规模较大的子问题由于包含了数量更多的决策变量，该子问题对全局目标的贡献度也越大，因此需要使用更多的计算资源进行优化。

　　第二种思路则是减少规模较小的子问题的计算资源。当某些子问题的规模过小时，让其独占一份独立的计算资源会增加通信开销的占比，从而降低算法的整体运行效率。因此，我们让一个计算节点负责多个子问题的优化。在文献［186］中，Qiu 等人提出了一种基于哈夫曼树的计算资源分配策略。如图 4-13 所示，该方法将各个子问题的规模视为哈夫曼树中的叶节点来构建哈夫曼树，然后根据可用的计算节点数量对构建好的哈夫曼树进行解码。若可用计算节点数量为 2，则子问题 D 将独占一个计算节点，而其他三个子问题将交由另一个计算节点进行优化。若可用计算节点数量为 3，则子问题 A 和子问题 B 将共享一个计算节点，子问题 C 和 D 则拥有单独的计算节点进行优化。实验结果表明，通过让一个计算节点同时负责多个子问题的优化，基于哈夫曼树的资源分配策略能够大大提升算法的优化效率。

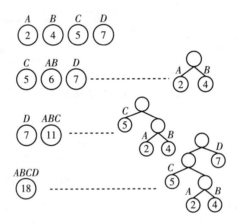

图 4-13　基于哈夫曼树的资源分配策略（圈中数字为子问题的规模）

# |第 5 章|

# 以多智能体协作为目标的分布式进化计算方法

多智能体系统是由一组智能体组成，通过多个智能体在同一环境下的协作、通信和竞争完成复杂任务的系统。它的出现为机器人、交通等实际应用领域带来了革命性的变化。在多智能体系统中，智能体一般被定义为具有一定感知、通信、计算和存储能力的个体，它可以是一段程序，也可以是人、车辆、机器人等实体。单个智能体的功能比较单一，多智能体系统可以通过模仿生物界个体的社会行为，相互协调地解决单个智能体难以完成的复杂和大规模任务。这种机制与进化计算基于群体协同优化的特性十分相似，为实现通过进化计算方法解决复杂分布式问题提供了基础。目前已有部分学者开展了以多智能体协作为目标的分布式进化计算研究，以提高进化算法的效率。

与集中式优化问题不同的是，分布式优化问题中的环境数据、决策变量和优化目标是由分散在环境中且通常由特定网络拓扑结构联系的一系列处理器来协作完成的。这些分散在网络各端的处理器（终端设备、机器人等）可被视为智能体，不同的智能体拥有不同的问题信息，包括分散的环境数据、分散的决策变量维度、分散的优化目标等。例如，在环境数据分布方面，网络边缘的终端设备产生大量数据，但将大量数据传输到中心会使通信网络不堪重负，并可能造成不可接受的延迟，需要通过分布在网络边缘的各个终端设备处理数据；在维度分布方面，在搜救机器人的目标检测和跟踪中，每个机器人都需要探索由局部变量决策的简单目标，而整体目标是实现整个系统的全局状态估计和避免碰撞；在目标分布方面，在汽车设计中，需要通过不同的、分布式的仿真来模拟粗糙度、噪声、振动和耐撞性，整个过程需要通过分布式目标评价进行协同优化等。

在本章中，我们考虑一个由 $M$ 个智能体组成的多智能体系统，它们协同地求解一个分布式优化问题

$$\min F(X,D) \tag{5-1}$$

其中，$F$ 代表目标函数，$X$ 代表决策变量，$D$ 代表环境数据。与集中式优化不同，在这一多智能体系统中，每个智能体 $i$ 独立地拥有 $F$、$X$ 或 $D$ 中的部分信息，记为 $f_i$、$x_i$ 和 $d_i$。一般而言，

由于传输代价或隐私保护等原因，这些信息不能在智能体之间共享，需要智能体间协同来求解式（5-1）。

根据上述定义，可以将分布式优化问题的场景分为三类：数据分布场景，即不同的智能体独立地拥有自己本地感知的数据 $d_i$；维度分布场景，即不同的智能体独立地拥有部分决策变量 $x_i$；目标分布场景，即不同的智能体独立地拥有局部目标函数 $f_i$。下面将分别针对上述三种场景下的分布式进化计算展开介绍。

# 5.1    针对数据分布场景的分布式进化计算

## 5.1.1    问题的定义与挑战

在数据分布场景下的优化问题中，一组分别拥有本地数据 $\vec{d}_1,\vec{d}_2,\cdots,\vec{d}_M$ 的 $M$ 个智能体协同优化全局问题如式（5-2）所示。其中，$D$ 是环境数据集 $D=(\vec{d}_1,\vec{d}_2,\cdots,\vec{d}_M)$。每个智能体只能访问与问题相关的整个数据 $D$ 中的一部分，即只能计算 $F(X,\vec{d}_i)$，其中 $\vec{d}_i \in D$。除了环境数据外，所有智能体共享决策变量和目标函数，并利用自身独立拥有的 $\vec{d}_i$ 协同优化。

$$\min F(X,D)\,,\ D=\cup_{i=1}^{M}\{\vec{d}_i\} \tag{5-2}$$

随着物联网、边缘计算等技术的快速发展，在学术界和工业界出现了很多数据分布场景下的优化问题。例如，在分布式机器学习问题中，数据由不同的节点感知和处理，由于传输负载和隐私保护无法直接融合，需要通过多智能体的合作来实现对机器学习模型的协同优化。又如，在陶瓷、橡胶等生产配方优化问题中，各个厂商均有自身的配方生产数据，但出于隐私保护原因，这些数据无法合并共享，需要通过智能体合作来分布式地协同优化生产配方。在数据分布场景下，由于数据分布式地存储在各个智能体中，对优化问题求解提出了以下挑战：每个智能体的初始数据是由每个智能体独立地感知的，对优化算法来说是不可控的；每个智能体均独立地获取问题相关的数据，由于智能体的数据感知特性不同，例如所处的位置不同、传感器的参数不同等，将导致它们获取的数据可能是独立同分布的，也可能是非独立同分布的；为避免大量数据通信，并满足特定场景下的隐私保护需求，智能体感知到的本地数据往往需要避免在网络中传输，即原始数据只能被所属的智能体独立访问。

为了更好地介绍数据分布场景下的分布式进化计算方法，本节从优化框架和模型管理两个方面，分别对如何在数据分布场景下利用进化计算方法解决优化问题和训练模型展开介绍。

## 5.1.2　优化框架

目前，求解数据分布场景下的分布式进化计算方法主要有两个框架：联邦数据驱动优化框架和边云协同优化框架。两种框架都是在数据本地保存和处理的前提下，通过所有分布式智能体的协同完成全局模型的构建和进化优化。不同的是，智能体在两种框架中的功能有一些差别。在联邦数据驱动优化框架中，每个智能体本地感知数据并训练本地代理模型。在边云协同优化框架中，每个智能体不仅感知数据和训练本地模型，还能够执行边缘端的进化优化。

### 1. 联邦数据驱动优化框架

联邦数据驱动的优化框架是在保护数据隐私的前提下，通过分布式智能体进行本地计算和模型更新，并通过聚合这些更新后的模型构建全局优化模型。在联邦学习中，数据往往分布式地存储在多个本地客户端（边缘设备），多个客户端协同训练一个全局模型，无须将多个客户端收集的数据上传到服务器，降低了安全风险。基于这个思想，Xu 等人提出了一种联邦数据驱动的进化优化方法（Federated Data-Driven Evolutionary Algorithm，FDD-EA），即使数据分布在多个设备上，FDD-EA 仍然能够有效地执行数据驱动优化，并表现出令人满意的性能。该方法已成为联邦数据驱动优化框架的代表性方法之一。FDD-EA 在联邦学习的基础上采用了一种基于排序的平均模型聚合方法，用于聚合基于径向基函数网络（Radial-Basis-Function Network，RBFN）的本地代理模型。此外，FDD-EA 还使用了一种考虑到全局和局部代理模型信息的获取函数，以避免数据泄露。

在 FDD-EA 中，每个本地智能体依靠独立拥有的部分数据 $\vec{d_i}$ 进行本地计算和模型更新，并在服务器的帮助下通过所有本地智能体协同构建全局模型。FDD-EA 假设服务器拥有少量历史数据，能够生成初始模型。算法 5-1 给出了 FDD-EA 的伪代码。首先，服务器使用拉丁超立方采样法对一定量的历史数据进行采样。这些解被发送到所有本地智能体，并在本地智能体上使用本地实际目标函数对其进行评估，这构成了每个本地智能体的初始训练集。然后，每个本地智能体基于训练集训练一个本地 RBFN 代理，并在训练完成后将训练好的模型参数上传到服务器，服务器通过基于排序的平均模型聚合方法聚合本地 RBFN 就能得到全局代理。然后，服务器使用 EA 来搜索全局代理的最优解，并利用全局代理进行评估。只有被获取函数选择出来的解才会被发送到本地智能体进行真实评估。最后，EA 找到的最优解会广播给参与下一轮模型更新的所有本地智能体。最优解将在参与更新的本地智能体上使用其实际目标函数进行评估，如果评估成功，则会被添加到其数据集中。每个参与的本地智能体代理模型将在增强后的数据集上进行更新。这一过程不断重复，直到最大计算预算耗尽为止。

---

**算法 5-1：FDD-EA 的伪代码**

---

**输入**：参与本地智能体数 $N$、全局代理模型 $w$、本地代理模型 $w_k$、空索引集 $S$、本地数据集 $D_k$、本地智能体权重 $p_k$、实际目标函数评估的最大次数 $FE_{max}$ 以及控制初始数据集大小的系数 $\mu$

**输出**：优化得到的最优解及其适应值

1：　/* 初始化 */
2：　服务器使用拉丁超立方采样法对 $\mu$ 个数据进行采样，得 $x_1, x_2, \cdots, x_\mu$
3：　使用真实评估 $\mu$ 个数据，得 $y_1, y_2, \cdots, y_\mu$，并用 $\{(x_i, y_i) | i = 1, 2, \cdots, \mu\}$ 初始化 $D_k$
4：　本地智能体根据 $D_k$ 训练本地代理模型 $w_k$
5：　FE = 0
6：　/* 优化过程 */
7：　While FE ≤ FE$_{max}$ do
8：　　　更新 $S$←随机选取 $\lambda N$ 个客户端
9：　　　服务器 does：
10：　　　　/* 更新全局代理模型 */
11：　　　　$w$←使用基于排序的平均模型聚合方法
12：　　　　使用联邦 LCB 评估解
13：　　　　通过 EA 选择最优解 $x_p$
14：　　　　广播 $x_p$、$w$ 给 $S$ 中的每个本地智能体
15：　　　End
16：　　　$f(x_p)$←真实评估 $x_p$　　　/* 非服务器执行 */
17：　　　For 每个 $S$ 中的本地智能体并行 do
18：　　　　/* 更新本地代理模型 */
19：　　　　从服务器接收 $x_p$、$w$
20：　　　　根据 $w$ 同步 $w_k$
21：　　　　将 $\{(x_p, f(x_p))\}$ 添加到 $D_k$
22：　　　　根据 $D_k$ 增量式训练 $w_k$
23：　　　　上传 $w_k$ 给服务器
24：　　　End
25：　　　FE += 1
26：　End

---

（1）基于排序的平均模型聚合方法

为了避免聚合后高斯函数的中心偏移造成误差，FDD-EA 中使用了基于排序的平均模型聚合方法。该方法的中心思想是对不同模型的径向基函数中心进行排序，从而计算具有相似中心的节点的模型参数平均值。所有维度上中心的平方和被用作排序标准，如下式所示：

$$M_{k,j} = \sum_{i=1}^{d} c_{k,j,i}^2, j = 1, 2, \cdots, m \tag{5-3}$$

其中，$M_{k,j}$ 是第 $k$ 个本地 RBFN 模型的第 $j$ 个节点，$\boldsymbol{M}_k$ 是排序后的向量，$\boldsymbol{M}_k = [M_{k,1}, M_{k,2}, \cdots, M_{k,m}]$。根据不同局部 RBFN 节点的排序索引，中心、宽度和连接权重在内的所有参数都会被平

均处理，如下：

$$w = \sum_{k=1}^{\lambda N} p_k \boldsymbol{w}_k \tag{5-4}$$

（2）联邦获取函数

获取函数是代理模型决定使用哪些解进行真实评估的重要手段。由于不确定性信息对于算法在探索和开发之间取得平衡至关重要，因此，高斯过程提供的预测的不确定性估计在获取函数中起着重要作用。FDD-EA 构建了一种同时考虑全局和本地代理的联邦获取函数（Federated LCB，F-LCB）。基于 LCB，F-LCB 利用全局代理和本地代理重新计算 $\hat{f}(\boldsymbol{x}_p)$ 和 $\hat{s}^2(\boldsymbol{x}_p)$。

$$\hat{f}(\boldsymbol{x}_p) = \frac{\hat{f}_{\text{local}}(\boldsymbol{x}_p) + \hat{f}_{\text{fed}}(\boldsymbol{x}_p)}{2}, \quad \text{s. t.} \begin{cases} \hat{f}_{\text{local}}(\boldsymbol{x}_p) = \sum_{k=1}^{\lambda N} p_k \hat{f}_k(\boldsymbol{x}_p) \\ \hat{f}_{\text{fed}}(\boldsymbol{x}_p) = w(\boldsymbol{x}_p) \end{cases} \tag{5-5}$$

$$\hat{s}^2(\boldsymbol{x}_p) = \frac{1}{\lambda N} \Big[ \sum_k^{\lambda N} (\hat{f}_k(\boldsymbol{x}_p) - \hat{f}(\boldsymbol{x}_p))^2 + (\hat{f}_{\text{fed}}(\boldsymbol{x}_p) - \hat{f}(\boldsymbol{x}_p))^2 \Big] \tag{5-6}$$

其中，$\hat{f}_{\text{local}}(\boldsymbol{x}_p)$ 是本轮选中的 $\lambda N$ 个本地代理模型预测值的聚合，$\hat{f}_{\text{fed}}(\boldsymbol{x}_p)$ 是本轮训练的联邦代理模型的预测值。

**2. 边云协同优化框架**

边云协同优化框架的主要特征是结合边缘计算和云计算的优势，通过在边缘智能体（边缘设备）处理数据并训练边缘模型，以降低延迟、减轻云端负载、满足数据分布于网络边缘不可收集的约束，同时在云端进行模型管理、集成全局模型。基于该思想，Guo 等人利用代理辅助模型替代原始数据进行信息传递，提出了由通信机制、边缘模型管理和云模型管理组成的边云协同分布式数据驱动优化算法框架（Edge-Cloud Co-EA，ECCoEA）。ECCoEA 的主要思想是为了避免数据泄露，利用边缘智能体上的初始数据训练边缘模型，且只传递边缘模型的预测函数给云服务器，用以训练集成模型。

如图 5-1 所示，ECCoEA 的分布式框架由三个方面组成：云服务器上的云模型管理，通信机制，边缘智能体上的边缘模型管理。总的来说，云服务器负责集成从边缘智能体接收的模型预测函数，从而得到一个全局集成模型，并用其基于代理辅助的进化优化算法得到候选解来指导边缘模型管理。边缘智能体管理负责构建和更新边缘模型、执行边缘进化优化算法以生成新的候选解以及对云服务器发来的和本地新生成的候选解进行真实目标评估。通信机制的主要作用是避免云服务器和边缘智能体在协同进化过程中出现死锁。

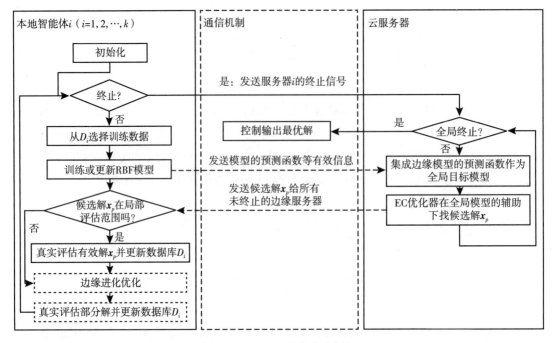

图 5-1　ECCoEA 的分布式框架

（1）云模型管理

云服务器由于缺少数据，无法进行真实评估，因此需要依赖边缘模型的预测函数集成代理模型作为进化优化算法的评估函数。

$$
\mathrm{argmin}\ \hat{f}(\boldsymbol{x})
$$
$$
\mathrm{s.\,t.}\ \ \hat{f}(\boldsymbol{x}) = \sum_{i=1}^{S} w_i(\boldsymbol{x})\,\hat{f}_i(\boldsymbol{x}) \tag{5-7}
$$

其中，$\hat{f}_i(\boldsymbol{x})$ 是第 $i$ 个边缘模型的预测函数；$S$ 是本轮边缘模型的个数；$w_i(\boldsymbol{x})$ 是第 $i$ 个边缘模型的权重值，其取值分为以下四种情况。

$$
w_i(\boldsymbol{x}) = \begin{cases}
\dfrac{1}{S}, & T_{\mathrm{sum}} = 0 \\[2mm]
t_i(\boldsymbol{x}), & T_{\mathrm{sum}} = 1 \\[2mm]
\left(\dfrac{t_i(\boldsymbol{x})}{T_{\mathrm{sum}} - 1}\right) \cdot \left(1 - \left(\dfrac{e_i}{\sum_{i=1}^{s} t_i(\boldsymbol{x}) \cdot e_i}\right)\right), & T_{\mathrm{sum}} > 1\ \text{且}\ \sum_{i=1}^{s} t_i(\boldsymbol{x}) \cdot e_i \neq 0 \\[4mm]
\dfrac{t_i(\boldsymbol{x})}{T_{\mathrm{sum}}}, & \text{其他}
\end{cases} \tag{5-8}
$$

其中，覆盖函数 $t_i(x)(=1,2,\cdots,S)$ 用于确定 $x$ 是否在边缘智能体搜索空间内，$T_{sum}$ 用于统计决策向量 $x$ 在边缘智能体覆盖范围内的个数，$e_i$ 是误差。

$$t_i(x)=\begin{cases}1,x\in[\text{lb}_i,\text{ub}_i]\\0,x\notin[\text{lb}_i,\text{ub}_i]\end{cases},T_{sum}=\sum_{i=1}^{S}t_i(x) \tag{5-9}$$

（2）通信机制

分布式框架的通信机制是通过一系列云服务器和边缘模型的阻塞和非阻塞通信来实现的。

- 云服务器需要的模型预测有效信息是边缘智能体的覆盖函数、边缘模型的预测函数及其误差。由于在每个边缘智能体上的进化优化算法都是异步进行的，需要边缘智能体向云服务器发送终止信号。当云服务器接收到边缘智能体发送的终止信号后，将不再接收关于该边缘智能体上的模型的信息。
- 在云服务器使用进化计算优化器找到可能的全局候选解后，云服务器会将该解发送到所有未终止的边缘智能体。
- 当达到真实适应值评估的最大数量时，边缘智能体将其本地终止信号和本地最优的适应值发送给云服务器。云服务器上有 $S$ 个非阻塞通信请求，用于检测每次接收到的终止信号。当 $S$ 个终止信号都被接收时，云服务器终止。
- 当达到云服务器中的全局终止条件时，云服务器比较来自所有边缘智能体的本地最优解，并会通过最优解所在的边缘智能体输出全局最优解。

（3）边缘模型管理

边缘模型管理主要由边缘模型构建和训练模型选择两部分组成，可分为以下步骤。

1）边缘智能体利用训练数据建立 RBFN 模型，计算模型的均方根误差 $e_i$。

2）边缘智能体将 $t_i(x)$、$e_i$、$\hat{f}_i(x)$ 等有效信息发送给云服务器。

3）边缘智能体从云服务器接收有希望的候选解 $x_p$。

4）如果 $x_p\in[\text{lb}_i,\text{ub}_i]$，则真实评估 $x_p$ 并更新训练集。

5）生成训练集样本。

6）如果达到最大本地真实评估次数，边缘智能体则向云服务器发送终止信号并退出，否则返回到步骤 1。

## 5.1.3　模型管理

在数据分布场景下，虽然依托上述两种框架能够通过所有分布式智能体的协同完成全局模型构建和进化优化，但仍需优秀的模型管理策略帮助算法获得更加精确的模型。模型管理涉多个智能体之间的协调工作，包括数据采集、分布式训练、模型同步与更新。各个智能体在本地采集并处理数据，然后在分布式系统中通过数据并行或模型并行策略进行训练。同时，智能体之间还需要构建合适的通信机制以传输模型参数、更新模型，确保整体多智能体系统的高效性和一致性。本节将通过两种代表性方法对模型管理策略进行介绍，即模型集成方法和按需评估方法。

### 1. 模型集成方法

作为数据分布场景下提升模型性能的常见手段，通过集合由不同数据集训练得到的模型，模型集成方法能够得到其性能比任何单一模型更好的模型。集成学习（ensemble learning）指的是一类机器学习方法，它组合一组单一学习器来创建一个强大的学习器。与单一学习器相比，集合学习在准确性和鲁棒性方面具有优势。装袋法（bagging）和提升法（boosting）是两种流行的集合生成方法。装袋法是一种并行集合方法，可将方差最小化，而提升法是一种顺序集合方法，可将偏差最小化。基于该思想，Wang 等人针对离线数据驱动优化问题中代理模型完全依赖于给定历史数据的问题，提出了一种基于选择集成模型的数据驱动进化算法（Data-Driven EA using Selective Ensemble，DDEA-SE），从而充分利用离线数据来指导搜索。DDEA-SE 在优化前采用装袋法建立大量代理模型，并在优化过程中自适应地选择其中少量但多样化的子集作为集成模型，以达到最佳局部逼近精度并降低计算复杂度。

（1）选择装袋法（selective bagging）

如图 5-2 所示，选择装袋法主要由 bootstrap 采样、模型训练、模型选择和模型合成组成。其中，bootstrap 采样和模型训练属于模型生成，模型选择和模型合成属于模型组合。

**模型生成**：首先，进行 $T$ 次独立的 bootstrap 采样，生成从原始数据重新采样的 $T$ 个数据子集$(S_1, S_2, \cdots, S_T)$。每个数据子集包含原始数据的随机部分，用黑色的点表示。然后，根据 $T$ 个数据子集生成 $T$ 个不同的模型，每个模型使用 $T$ 个数据集中的一个。

**模型组合**：在集成模型之前，从 $T$ 个模型$(Q<T)$ 中选择 $Q$ 个模型，用来产生集合输出。模型选择策略在选择性装袋中发挥着重要作用，它影响着准确性、多样性和计算效率。最后，集合的最终输出是所选模型输出的平均值。

（2）DDEA-SE 的框架

基于选择装袋法，DDEA-SE 框架也可以分为模型生成和模型组合两个部分。在执行进化优化算法之前，DDEA-SE 先创建离线数据，使用 bootstrap 采样生成 $T$ 个子集$(S_1, S_2, \cdots, S_T)$。然后，根据 $T$ 个子集独立建立 $T$ 个 RBF 模型$(M_1, M_2, \cdots, M_T)$。在优化过程中，DDEA-SE 使用模型选择策略从 $T$ 个代理模型中选择 $Q$ 个$(Q \leqslant T)$模型，并集成这 $Q$ 个模型来估计适应度。当达到优化停止条件时，DDEA-SE 将输出最终最优解。

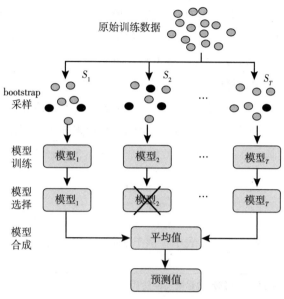

图 5-2 选择装袋法

**模型生成**：在初始化用于优化的种群之前，DDEA-SE 使用 bootstrap 采样创建训练数据子集，并建立 RBF 代理模型。首先，DDEA-SE 采用依赖概率的采样，而不是标准的半采样。为了生成数据子集 $S_i$，离线数据中的每个数据点都有 50% 的概率被包含在 $S_i$ 中。因此，$S_i$ 的大小是固定的，这样可以提高集合的多样性。在生成数据集后，DDEA-SE 使用 $T$ 个数据集分别训练 $T$ 个 RBF 模型。每个 RBF 模型的隐藏层包含 $d$ 个神经元（高斯径向基函数），其中 $d$ 是决策变量的个数。具体过程可见算法 5-2。实验表明，当 $Q=100$、$T=2000$ 时，集成模型能够以相对较低的计算成本获得足够好的近似精度。

---

**算法 5-2：DDEA-SE 中模型生成过程**

---

输入：原始数据集 $D$，解的维度 $d$，模型数目 $T$

输出：模型池 $M_1, M_2, \cdots, M_T$

1： For $i=1$ to $T$ do
2：　　初始化 $S_i$ 为空集
3：　　For $(x,y) \in D$ do
4：　　　　If $U(0,1) < 0.5$ then
5：　　　　　　将 $(x,y)$ 加入 $S_i$
6：　　　　End
7：　　End
8： End
9： For $i=1$ to $T$ do
10：　　基于 $S_i$ 训练 RBF 代理模型 $M_i$
11： End

---

**模型组合**：DDEA-SE 的模型组合由模型选择和模型合成构成。其中模型合成采用选择装袋法中所选模型输出的平均值。DDEA-SE 设计了三种不同的模型选择策略：随机选择固定数量的模型，根据最佳解选择固定数量的模型，根据种群分布和最佳解的自适应选择模型。算法 5-3 解释了 DDEA-SE 根据最佳解选择固定数量模型的过程。

固定模型数量的选择策略不一定适用于整个优化阶段，因为种群随着优化趋于收敛。当种群分布在较小的区域时，代理模型可以通过减少模型数量来捕捉目标函数的局部细节。DDEA-SE 根据种群分布和最佳解的自适应选择模型数目，如式（5-10）所示。

$$Q_g = \left[ T \frac{D_g}{D_o} \right] \tag{5-10}$$

其中，$Q_g$ 表示第 $g$ 代的模型数目，$D_g$ 表示种群中所有个体到当前最优解的距离。

---

**算法 5-3：DDEA-SE 根据最佳解选择固定数量模型的伪代码**

---

输入：选择模型个数 $Q$，当前最优解 $x_b$，模型池 $M_1, M_2, \cdots, M_T$

输出：集成模型

```
 1:  If 是第一次迭代 then
 2:      从模型池里随机选择 Q 个模型
 3:  Else
 4:      使用 M₁, M₂, ⋯, M_T 预测 x_b 的值
 5:      将模型池里的模型根据预测的值排序
 6:      按顺序将模型划分为 Q 组
 7:      For 每一组 do
 8:          在每一组内随机选择一个模型用于最后集成模型
 9:      End
10:  End
```

### 2. 按需评估方法

为了减少数据分布在不同智能体上带来的沟通成本和昂贵真实评估次数，提高进化优化效率，研究者开始将按需评估的思想引入模型管理策略。按需评估方法是一种灵活的模型管理策略，智能体可以根据特定的环境变化，对模型进行实时或定期的性能评估，判断是否需要对模型进行重新训练或调整。这种方法能够更及时地响应模型性能下降或外部环境的变化，确保模型始终以最佳状态运行。

基于该思想，Wei 等人针对分布式昂贵约束优化问题的分布式特征导致目标和约束条件的异步评估问题，提出了一种按需评估的分布式进化约束优化算法（Distributed Evolutionary constrained optimization Algorithm with On-demand Evaluation，DEAOE），用于加速收敛和提高基于

代理的进化算法的性能。通过按需评估策略，DEAOE 以异步方式自适应地演化不同的约束条件。按需评估方法从两个方面改善种群收敛性和多样性。在个体选择方面，采用联邦样本选择策略来确定哪些候选者是有希望的；在约束条件选择方面，设计了不可行优先评估策略，以判断哪些约束条件需要进一步演化。

另外，一个分布式昂贵约束优化问题（Distributed Expensive Constrained Optimization Problem，DECOP）可以被表示为

$$\min \hat{f}^{a_0}(\vec{x}), \vec{x}=\{x_1, x_2, \cdots, x_D\}$$
$$\text{s. t. } x_i^{\text{lb}} \leqslant x_i \leqslant x_i^{\text{ub}}, i=1,2,\cdots,D$$
$$\hat{g}_j^{a_j}(\vec{x}) \leqslant 0, j=1,2,\cdots,I$$
$$\text{DV}(\vec{x})=0 \tag{5-11}$$

其中，上标 $a$ 表示目标和约束条件通过不同的方式进行评估，$\hat{g}_j^{a_j}(\vec{x})$ 表示不等式约束。$\text{DV}(\vec{x})$ 表示候选解违反特定约束条件的程度，用一个正数表示，数字越大表明候选解违反特定约束条件的程度越严重。

$$\text{DV}(\vec{x})=\sum_{j=1}^{m} \max(0, g_j(\vec{x}))+\sum_{k=1}^{n} \max(0, |h_k(\vec{x})|) \tag{5-12}$$

DECOP 定义了两种智能体，包括一个管理者智能体（master agent）和多个工作者智能体（worker agent）。管理者智能体用于在满足所有约束条件的前提下优化目标，但它不具备评估任何目标或约束条件的能力。管理者智能体的优化解需要依靠各个工作者智能体进行评估。工作者智能体的主要任务是评估目标或约束条件，但它不需要对问题进行优化。一个 DECOP 可以有一个以上的工作者智能体，因为一个问题可能受多个昂贵约束条件的限制。每个工作者智能体只能对一个目标或约束进行评估，且工作者智能体之间不能进行数据传输，以避免数据泄露。

基于上述分布式拓扑结构，DEAOE 的流程如算法 5-4 所示。管理者智能体在工作者智能体发送的代理模型的协助下负责种群的演化。它维护两个档案（$F$ 和 $P$）和种群。档案 $F$ 用于存储经过全面评估的个体，档案 $P$ 用于存储部分评估的个体。管理者智能体维护种群旨在寻找接近最优的可行解决方案。然而，管理者智能体无法评估任何目标或约束条件，它需要接收来自工作者智能体的代理模型并用代理模型预测子代质量。在选择样本后，管理者智能体将所选候选样本发送给相应的工作者智能体，以便按需进行昂贵的评估。在接收到候选解后，工作者智能体按需进行昂贵的评估，并将结果反馈给主智能体。它从两个方面进行按需评估：首先是个体的按需评估，通过联邦样本选择策略实现，该策略包括基于个体的样本选择和基于世代的样

本选择；其次是针对约束条件的按需评估，通过不可行-优先评估策略实现，在该策略中，预测不可行的约束条件需要相应的工作者智能体进行昂贵的真实评估。然后，工作者智能体需要根据已知数据更新其代理模型，并将训练好的模型发送给管理者智能体。最后，管理者智能体接收到评估后的解，并更新种群。

---

**算法 5-4：DEAOE 的流程**

输入：种群规模大小 NP、档案规模大小 ND、差分进化算法 DE 中的参数、基于世代的样本选择的世代差距 gp、最大昂贵真实评估次数 FES

输出：最优个体及其适应值

1: /* 初始化 */
2: 管理者智能体初始化档案 $F$ 和档案 $P$，并使用 LHS 采样初始化种群
3: 每一个工作者智能体使用 LHS 采样生成数据集并训练代理模型
4: 每一个工作者智能体将代理模型发送给管理者智能体
5: 令真实评估次数 fes = 1、代数 $t$ = 1
6: While fes<FES do
7:    /* 生成子代 */
8:    使用 DE 算法生成子代
9:    管理者智能体利用代理模型预测子代
10:    /* 样本选择 */
11:    管理者智能体根据基于个体的样本选择和基于世代的样本选择采样 $\overline{x}_{sel}$
12:    /* 不可行-优先评估 */
13:    工作者智能体根据不可行-优先策略进行真实评估
14:    /* 模型更新 */
15:    工作者智能体将 $\overline{x}_{sel}$ 添加到训练数据集并更新代理模型
16:    工作者智能体将更新后的代理模型发送给管理者智能体
17:    将档案 $F$ 的大小记为 $N_{AF}$
18:    If $N_{AF} \geq$ NP
19:       将档案 $F$ 中最优的 NP 个个体作为新的种群
20:    Else
21:       将档案 $F$ 中所有个体和重新使用 LHS 采样的 NP-$N_{AF}$ 个个体作为新的种群
22:    End
23: End

---

（1）样本选择

为了实现对个体的按需评估，DEAOE 采用以基于个体的样本选择为主、基于世代的样本选择为辅的策略进行采样，具体的阐述见算法 5-5。基于个体的样本选择策略从子代中选择解，根据不可行-优先评估策略对被选择的解进行部分评估，并将只进行了部分真实评估的解录于档案 $P$。基于世代的样本选择策略从档案 $P$ 中选择解，对被选择解的未评估部分进行真实评估，并记录于档案 $F$ 中。

---

**算法 5-5：采样选择的伪代码**

---

输入：当前代数 $t$，基于世代选择的世代差距 $gp$，子进化代数 $g_{ms}$

输出：档案 $P$ 和档案 $F$

```
 1:  If t mod gp>0 then
 2:      /* 基于个体样本的选择 */
 3:      根据预测值选择最优好个体 x⃗_sel
 4:      If x⃗_sel 是不可行的：
 5:          For 对于每一个约束 g_j(·)：
 6:              g_sub = 0
 7:              使用子代作为新的父代
 8:              While 预测存在新生成的可行解：
 9:                  新的父代根据 DE/best/1 产生子代
10:                  预测新产生的子代，并用更优的子代替换对应的父代
11:                  g_sub = g_sub + 1
12:              End
13:              g_sub = g_ms
14:              将新产生的子代和旧的子代合并
15:          End
16:      End
17:      从合并后的子代中挑选最优个体 x⃗_sel
18:      对 x⃗_sel 进行不可行-优先评估
19:      将只进行了部分评估的个体以及评估结果存入档案 P
20:  Else If t % gp = 0 then
21:      /* 基于世代的采样选择 */
22:      选择档案 P 中最优个体 x⃗_sel
23:      对 x⃗_sel 未进行真实评估的约束条件进行真实评估
24:      将完全评估后的 x⃗_sel 和评估结果存入档案 F
25:      t = t + 1
26:  End
```

---

（2）不可行-优先评估

不可行-优先评估策略用于按需评估约束条件。该策略通过管理者智能体和工作者智能体之间的异步通信来实现。不可行-优先评估的目标是评估复杂的不可行约束。对于所选候选解的每个约束条件，只有当存档 $F$ 中有超过一半的个体不可行时，候选方案才会被发送给相应的工作者智能体（记为 $J$）进行真实评估。否则，该约束条件将被视为已探索出大量有效信息，就没有必要对这类约束条件进行昂贵的评估来进一步探索了。

## 5.2　针对维度分布场景的分布式进化计算

### 5.2.1　问题的定义与挑战

在维度分布场景下的分布式优化问题中，一组分别拥有局部维度决策变量的 $M$ 个智能体协同优化全局问题如式（5-13）所示。每个智能体只能访问与问题相关的整个维度（决策变量）$X$ 的一部分，即只能计算并优化 $F(\vec{x_i}, D)$，其中 $\vec{x_i} \in X$。除了决策变量外，所有智能体共享环境数据和目标信息，并利用自身独立拥有的 $\vec{x_i}$ 协同优化。

$$\min F(X, D), X = \cup_{i=1}^{M} \{\vec{x_i}\} \tag{5-13}$$

在某些情况下，与问题相关的数据被收集并存储在本地智能体中，而该智能体只负责位于自己相应区域内的决策变量。分布式多智能体或节点根据本地观测结果优化本地目标，然后通过相互通信和合作达成全局共识和目标。换句话说，本地节点或智能体只有决策变量的部分维度，需要通过所有本地节点或智能体合作优化决策变量的所有维度。然而，决策变量各维度之间并不是相互独立的，它们相互耦合、相互影响，共同决定着解的质量。尤其是在分布式场景下，决策变量的各个维度需要由不同本地节点或智能体决定，难以达成全局共识，这增加了维度分布场景下分布式问题的优化难度。

根据问题维度分布情况，维度分布场景下的分布式优化问题通常被分为非重叠维度分布场景下和重叠维度分布场景下的分布式优化问题。本节将从非重叠维度和重叠维度两个方面对维度分布场景下的分布式进化算法进行介绍。

### 5.2.2　非重叠维度分布式优化

非重叠是维度分布场景下的分布式优化问题中最基本、最简单的情况，每个智能体只负责决策变量所有维度的一部分，且该部分维度仅由一个对应智能体负责，如图 5-3 所示。其中，$X = [x_1, x_2, \cdots, x_N]$ 表示一个解，$S_i$ 是 $X$ 的一个维度子集，$X = \cup_{i=1}^{M} S_i$，任何两个 $S_i$ 和 $S_j$ 的交集为空集，$X$ 的每一个维度子集由一个智能体负责，$N$ 是决策变量维度数目，$M$ 是智能体的数目。

非重叠维度场景下的分布式优化问题中维度非重叠的特征与协同进化优化中分解问题的思想契合。作为协同进化的代表性算法，合作协同进化算法（Cooperative Coevolution Evolutionary Algorithm，CCEA）非常适合被用来构建非重叠维度分布式进化优化算法。CCEA 利用"分而治之"的策略将复杂问题分解为若干子问题，每个子问题在子种群独立解决，然后通过多个子种群共同完成整个问题的优化。一般来说，CCEA 由问题分解和协同优化两部分构成。在优化之前，CCEA 主动将变量分成几个不重叠的子部分，从而达到问题解耦、提高计算效率的作用。问题分解后，每个子种群独立负责优化一个子问题并联合其他种群进行个体适应度评估。与 CCEA 不同的是，在非重叠维度分布场景下的分布式优化问题中，问题维度天然分散在各个智能体上，且不重叠。虽然维度分布场景下的分布式优化问题无须主动分解维度，但 CCEA 中通过多个子种群协同优化的策略仍为构建分布式协同优化方法提供了思路。

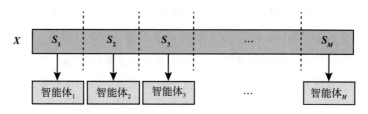

图 5-3 分布式非重叠维度分布示意图

基于主从结构，一个分布式协同优化过程可以由一个管理者智能体和多个工作者智能体完成。每个工作者智能体对应解的一部分（$x_i$），并采用进化优化算法求解该部分的近似最优值。管理者智能体则负责收集所有工作者智能体的当前最优解组成完整的当前全局最优解（$\text{gbest}^{j-1}$），并发送给所有智能体。工作者智能体依靠管理者智能体发送的全局最优解完成对部分解的协同评估，详细过程如下。

1）分别对管理者智能体和工作者智能体进行初始化，令迭代次数 $j=0$。

2）每个工作者智能体采用进化算法优化并评估种群 $P_i(i=1,2,\cdots,M)$，该种群中的个体 $s_i$ 表示 $X$ 对应维度的一个可行解，$M$ 是工作者智能体的数目。在第 $j$ 次迭代中，种群 $P_i$ 的最优个体可以表示为 $\text{best}_i^j$。

$$\text{best}_i^j = \text{argmin}_{s^i \in S_i} f(p^i, \overline{C_i^{j-1}})$$
$$\overline{C_i^{j-1}} = (\text{best}_1^{j-1}, \cdots, \text{best}_{i-1}^{j-1}, \text{best}_{i+1}^{j-1}, \cdots, \text{best}_M^{j-1}) \tag{5-14}$$

其中，$\overline{C_i^{j-1}}$ 表示不包含 $x_i$ 的全局当前最优 $\text{gbest}^{j-1}$。

3）每个工作者智能体完成当前代的进化优化后，将 $\text{best}_i^j(i=1,2,\cdots,M)$ 发送给管理者智能体。

4）管理者智能体接收到所有 $\text{best}_i^j(i=1,2,\cdots,M)$ 后更新 $\text{gbest}^j$。

$$\text{gbest}^j = (\text{best}_1^j, \text{best}_2^j, \cdots, \text{best}_M^j)$$

5）管理者智能体将更新后的 gbest$^j$ 发送给所有工作者智能体。

6）$j=j+1$。

7）判断是否终止。如果 $t$ 大于等于最大迭代次数，则终止，否则返回步骤 2。

### 5.2.3  重叠维度分布式优化

在重叠维度分布场景下的分布式优化问题中，每个智能体负责决策变量所有维度的一部分，但不同智能体负责的维度之间可以有重叠，如图 5-4 所示。其中，$X=[x_1,x_2,\cdots,x_N]$ 表示一个解，$S_i$ 是 $X$ 的一个维度子集，$X=\cup_{i=1}^M S_i$。维度子集之间可能存在重叠，在图中用黑色网格表示。$X$ 的每一个维度子集由一个智能体负责。$N$ 是决策变量维度数目，$M$ 是智能体的数目。相较于非重叠维度分布式优化，重叠维度分布式优化更加困难。因为重叠的维度需要所有负责该维度的智能体共同决定，需要多个智能体达成共识。基于因式分解的进化计算方法（Factored Evolutionary Algorithm，FEA）是一种新型的进化算法，它将原始问题因子化为多个维度子集进行优化。与 CCEA 类似，FEA 也有将维度划分为若干子集的因子化过程。由于维度分布场景下的分布式优化问题具有维度天然分布的特征，在求解这类问题时，FEA 只需要竞争策略和共享策略。与 CCEA 不同，FEA 鼓励维度子集之间相互重叠，从而允许与其他子集竞争或共同进化。因此，它非常适合被用来构建重叠维度分布式进化优化框架。

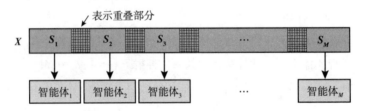

图 5-4  分布式重叠维度分布示意图

在 FEA 中，问题被划分为多个维度子集，每个维度子集对应的子种群被分配给一个因子。在维度分布场景下的分布式优化问题中，问题维度具有天然分布的特征，维度子集天然分布在各个本地智能体上。所以，可以将 FEA 中的因子看作分布本地智能体，每个子智能体管理一个子种群，利用 FEA 的框架解决重叠维度分布场景下的分布式优化问题。

FEA 有三大子功能：求解、竞争和共享。其中，求解功能最简单，FEA 允许每个因子对其子种群进行单独优化。竞争策略通过比较各个因子最优部分解创建一个完整的解决方案。共享策略将通过将完整解共享给各个因子，使得各个因子可以利用该完整解 $X=[x_1,x_2,\cdots,x_N]$ 来评估部分解。FEA 算法的完整过程如下。

1）（初始化）根据因子所使用的优化算法和子种群结构对所有子种群进行初始化，并初始

化全局解决方案 $X$。

2）（求解）FEA 在不同因子条件下使用对应的进化算法对子种群进行优化，直到满足子种群内的优化停止标准。对每个子群的优化称为群内优化步骤。

3）（竞争）在对所有子群进行内部优化后，因子之间会展开竞争。

4）（共享）FEA 执行共享策略在子种群之间共享更新后的最佳完整解。

5）（判断是否停止）如果达到停止条件，则停止并输出当前最优完整解作为结果。否则，返回步骤 2，重复种群间优化步骤，直到达到停止标准。

## 5.3 针对目标分布场景的分布式进化算法

### 5.3.1 问题的定义与挑战

在针对目标分布场景下的分布式优化问题中，一组分别拥有局部目标 $f_1, f_2, \cdots, f_M$ 的 $M$ 个智能体协同优化全局问题。每个智能体只能访问与自身问题相关的局部目标，也就是说只能访问 $f_m(X, D)$，即

$$\min F(X, D), F = \{f_1, f_2, \cdots, f_M\} \tag{5-15}$$

随着智能制造的发展和传统产业的升级，工程领域中存在大量针对目标分布场景下的分布式优化问题。例如，在车身优化中，需要通过不同的分布式仿真来实现诸如最小化噪声、振动和最大化耐撞性等目标。其中，噪音和振动通过有限元分析仿真来模拟，而耐撞性则通过碰撞仿真来模拟。整个过程需要通过分布式目标评估进行合作优化。

根据局部目标之间的关系，针对目标分布场景下的分布式优化问题可以分成三种类型，即目标协同、目标冲突和目标关联。目标协同是指多个智能体通过协调和合作优化各自的局部目标，以实现多目标整体效益最大化；目标冲突是指在决策过程中，不同局部目标之间存在矛盾或竞争，需要通过智能体之间的协商达成共识从而实现全局优化；目标关联是指多个目标或任务之间存在某种联系能够相互影响和学习，从而共同实现整体优化。本节将对这三种目标分布场景下的分布式优化问题展开详细介绍。

### 5.3.2 目标协同

在目标协同场景中，一组拥有各自局部目标的智能体协同求解一个多目标优化问题。借助这种协同工作，智能体的种群之间可以相互借鉴搜索到的最优解，从而更有效地实现全局目标

优化。一般来说，分布式多目标优化问题定义为

$$\min F(X) = \{f_1(X), f_2(X), \cdots, f_M(X)\} \qquad (5\text{-}16)$$

其中 $X$ 代表决策变量，$f_m(X)$ 代表第 $m$ 个目标函数，$M$ 是目标的数量。在目标协同场景下，由于第 $m$ 个智能体仅能对第 $m$ 个目标函数 $f_m(X)$ 进行评估和优化，因此需要多智能体之间相互协作来共同求解这一多目标优化问题。

在分布式多目标协同优化中，每个智能体对应一个目标函数 $f_m(X)$，它们通过共享信息来进行协同工作以实现全局目标的优化。Zhan 等人提出了多种群多目标（Multiple Populations for Multiple Objectives，MPMO）优化算法。在 MPMO 优化算法框架中，多目标问题被分解为多个单目标问题并且由多个独立的种群进行协同优化。这一思想与分布式多目标协同优化契合，可以借鉴 MPMO 优化算法框架来设计分布式多目标协同优化的算法。

基于多种群多目标协同优化的核心思想，MPMO 优化算法设计了两大机制用于促进种群协同演化进程，它们分别是种群间的信息共享机制和档案更新机制。信息共享机制通过为每个种群建立外部共享档案，实现种群间的搜索信息共享与交流。档案更新机制是指在每一轮迭代中更新外部共享档案的解。下面将对这两个机制进行详细介绍。

首先，MPMO 优化算法提出了种群间的信息共享机制。该机制通过引入一个外部档案 $A$ 来共享种群间的信息。具体而言，该档案被用于存储所有种群找到的非支配解，并在种群之间共享这些信息。信息共享可以通过速度更新来实现，例如，文献［199］中粒子的速度更新公式为

$$V_{id}^m = \omega V_{id}^m + c_1 r_{1d}(P_{id}^m - X_{id}^m) + c_2 r_{2d}(G_d^m - X_{id}^m) + c_3 r_{3d}(A_{id}^m - X_{id}^m) \qquad (5\text{-}17)$$

其中，$\omega$ 代表惯性权重，在算法运行期间从 0.9 线性减小到 0.4，以平衡全局和局部搜索能力，$V_{id}^m$ 和 $X_{id}^m$ 分别代表第 $m$ 个种群的第 $i$ 个粒子在第 $d$ 维的速度和位置。相似地，$P_{id}^m$ 代表第 $i$ 个粒子在第 $d$ 维的最佳历史位置，$G_d^m$ 代表第 $m$ 个种群在第 $d$ 维的全局最优位置。$A_{id}^m$ 是第 $i$ 个粒子在 $A$ 中随机选择的解在第 $d$ 维的位置。$c_1$、$c_2$ 和 $c_3$ 代表加速系数，$r_{1d}$、$r_{2d}$ 和 $r_{3d}$ 都是 $[0,1]$ 范围内的随机值。

此时，位置更新的公式为

$$X_{id}^m = X_{id}^m + V_{id}^m \qquad (5\text{-}18)$$

在速度更新公式中，$c_3 r_{3d}(A_{id}^m - X_{id}^m)$ 包含了共享档案中的共享信息。借助共享档案中解的信息，粒子不仅可以使用本种群的搜索信息，还可以使用其他种群的搜索信息。粒子会利用所有种群的全部搜索信息沿着整个帕累托前沿进行搜索，而不是只依靠自己种群的搜索信息进行边缘化搜索。

其次，为了防止种群陷入局部最优，MPMO 优化算法还设计了外部档案更新机制。首先，初始化一个集合 $S$ 为空。然后，将每个种群中每个粒子的最优解和旧档案 $A$ 中的所有解加入 $S$ 中。

接着，档案 $A$ 通过精英学习策略生成的新解也被加入 $S$ 中。在上述操作之后，$S$ 将具有 $(N \times M + 2 \times na)$ 个解，其中 $N$ 和 $M$ 分别是种群大小和种群数量（目标数量），na 是旧档案 $A$ 的解的数量。然后，集合 $S$ 被执行非支配解确定程序以确定所有非支配解，并将其存储在集合 $R$ 中。如果 $R$ 的大小不大于存档的最大大小 NA，则将所有非支配解存储到新档案 $A$ 中，并将 na 设为 $R$ 的大小；否则，根据密度对所有非支配解进行排序，选出前 NA 个拥挤度较低的解存储到新的档案 $A$ 中，并将 na 设为 NA。下面将详细介绍精英学习策略、非支配解的确定方法以及基于密度的选择策略。

**1）精英学习策略**：多样性维护是外部档案更新中的一个重要方面，尤其是在处理复杂的帕累托前沿时。精英学习策略能够促使解在目标空间中均匀分布，以覆盖整个帕累托前沿，增强解的多样性。具体而言，选取档案中的非支配解 $A_i$，令 $E_i$ 等于 $A_i$，对其某个随机选择的维度 $d$ 进行高斯扰动

$$E_{id} = E_{id} + (X_{\max,d} - X_{\min,d}) \text{Gaussian}(0,1) \tag{5-19}$$

其中，$X_{\max,d}$ 和 $X_{\min,d}$ 分别是第 $d$ 维的上限和下限。$\text{Gaussian}(0,1)$ 是由高斯分布产生的随机值，其均值为 0，标准差为 1。这种扰动帮助算法跳出局部最优解区域，并探索更多的解空间，从而在最终档案中保留具有代表性的多样性解集。

**2）确定非支配解**：集合 $R$ 用于存储非支配解，被初始化为空。对于 $S$ 中的每个解 $i$，检查解 $i$ 是否被任何其他解 $j$ 支配，如果解 $i$ 不被任何其他解支配，则解 $i$ 被添加到 $R$ 中。

**3）基于密度的选择**：如果 $R$ 的大小大于 NA，就会执行这一程序。其作用是在前 NA 中选择拥挤程度较低的解放入新档案，具体做法如下。给定一组解 $R$，将每个解的距离初始化为零。对于每个目标，根据当前目标下解的目标值从小到大对所有解进行排序。目标值最小和最大的解会被分配一个无限距离值，其他解的距离则等于其相邻两个解的目标值的绝对归一化差值。最后，每个解将它在所有目标上得到的距离值相加即为该解的密度。然后，选取距离较大的前 NA 个方案作为新的外部共享档案 $A$。

对于分布式多目标优化问题，MPMO 优化算法提供了具有借鉴意义的算法框架。在分布式多智能体系统中，考虑到每个智能体负责优化各自的局部目标函数，因此目标之间的协同是非常必要的。通过为每个智能体的种群构建外部档案来存储非支配解，使得任一智能体的粒子都能向其他智能体的优异解进行学习，从而实现目标协同优化。

## 5.3.3  目标冲突

目标冲突情形下的代表性问题是分布式共识优化问题，其目标是使多智能体系统中的所有智能体协同求解全局优化问题并形成共识。考虑一个含有 $n$ 个节点的多智能体系统，智能体之间通常通过一个连通且非全连接的通信网络连接，智能体可以与网络中直接相连的邻居智能体

进行通信。一般地，多智能体系统协同求解一个全局优化问题，其决策变量记为 $X \in \mathbb{R}^D$。然而，受限于局部信息和局部观测，每个智能体只可访问自身的局部目标函数，且局部目标函数通常存在一定程度的冲突。记第 $i$ 个智能体的局部目标函数 $f_i(X) : \mathbb{R}^D \to \mathbb{R}$，则分布式共识优化问题的全局优化目标定义为最小化所有局部目标函数的累加总和

$$\min_{X \in \mathbb{R}^D} F(X) = \sum_{i=1}^{n} f_i(X) \tag{5-20}$$

上述定义用 $X$ 统一表示所有智能体的决策。如果将第 $i$ 个智能体的解记为 $X_i \in \mathbb{R}^D$，分布式共识优化问题可以等价地定义为

$$\min_{X \in \mathbb{R}^D} F(X) = \sum_{i=1}^{n} f_i(X_i)$$
$$\text{subject to } \| X_i - X_j \| < \varepsilon \ \forall i,j \in [1,n] \tag{5-21}$$

其中，该定义中的约束是共识条件，即任意两个智能体的解的距离需小于阈值 $\varepsilon$。一般地，$\varepsilon$ 被设置为一个接近于零的数，如 $1E-10$。这个定义更有利于算法的描述，这是因为在多智能体系统中，智能体往往独立地存储和维护候选解。

由于许多实际应用中的分布式共识优化问题的目标函数存在着黑箱、非凸等特征，基于梯度的分布式优化方法难以解决，因此，分布式黑箱优化在近年来受到了研究者的关注。分布式进化计算是一类代表性的分布式黑箱优化算法，这类算法通常在每个智能体中维护一个种群，通过多个种群之间的协同演化优化全局目标并达成共识。下面将分别介绍分布式进化计算中子种群形成共识的两种机制，最后介绍对分布式进化计算进行共识性分析的理论工具和手段。

### 1. 通过学习形成共识

在局部目标冲突的分布式优化问题中，如果智能体独自优化自己的局部目标，那么最终智能体的决策将相互冲突，系统无法达成共识。面对这个挑战，一类解决思路是让邻近节点互相学习协商，最终达成共识。Chen 等人提出的内外部协同学习的多智能体粒子群优化算法（Multi-Agent Swarm Optimization algorithm with adaptive Internal and External learning, MASOIE）是这类思路的代表。在 MASOIE 中，每个智能体维护一个粒子群，粒子群内的粒子通过内部学习和外部学习两种方式交替地演化。其中，内部学习指的是一个粒子向同一个智能体内的其他优秀粒子进行学习的过程，外部学习指的是一个粒子向邻居智能体内的其他粒子进行学习的过程。图 5-5 展示了 MASOIE 在 4 节点样例系统中的学习机制。智能体 $i(i=1,2,3,4)$ 的粒子群可以表示为 $\{p_{i,1}, p_{i,2}, p_{i,3}, \cdots, p_{i,m}\}$。虚线箭头代表内部学习，发生在智能体内部；实线箭头代表外部学习，发生在智能体之间。

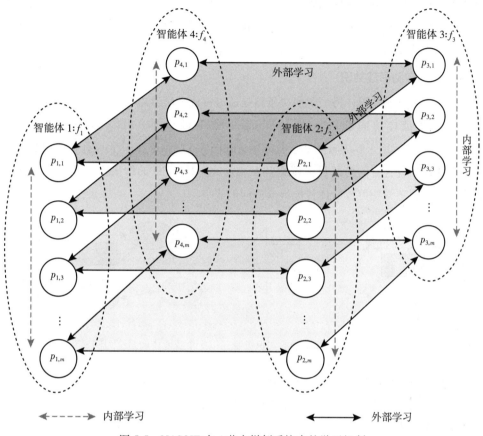

图 5-5　MASOIE 在 4 节点样例系统中的学习机制

基于学习的共识机制的第一个关键点是外部学习机制的设计。外部学习机制与传统的集中式粒子群学习机制的不同之处在于以下两点：第一，外部学习中粒子的学习对象的数量是不固定的，在多智能体系统中，不同智能体的邻居数量是不同的，因此不能用固定的粒子学习式来表达；第二，传统的集中式粒子群学习机制的学习权重主要包含个体因子和社会因子，其参数设置主要依赖于实验调参，权重的设置并无严格的约束。然而，分布式优化的外部学习机制的最终目标是系统形成共识，这对外部学习的权重设置提出了要求。以 MASOIE 为例，该算法为了保证系统共识，基于共识理论对外部学习机制的权重进行了设计，并从理论分析的角度证明了系统的共识性，具体可参考文献［200］。

基于学习的共识机制的第二个关键点是内部学习和外部学习的相对频率。一般来说，内部学习有利于节点对自身局部优化目标的探索，而外部学习有利于节点之间协同优化全局目标并促进系统共识。MASOIE 提供的思路是，在前期将更多的计算资源用于内部学习，使得智能体充分地探索优化局部目标，在后期则更多地将资源分配于外部学习，使得智能体之间协作优化全局目标并最终达成共识。因此，MASOIE 提出了一个自适应通信机制，依据粒子群演化过程的适应值变化来调整内部学习和外部学习的相对频率。

### 2. 通过目标激励形成共识

除了通过学习形成共识，另一类解决思路是通过目标激励形成共识。Chen 等人提出了基于惩罚目标的多智能体协同进化算法（Multiagent Co-Evolutionary Algorithm With Penalty-Based Objective，MACPO），用于解决分布式优化问题。如图 5-6 所示，在一个具有 5 个智能体的系统中，每个智能体拥有各自的局部目标函数并互相冲突，MACPO 的解决思路是在原有的局部目标函数中加入惩罚项，使得智能体目标形成协同的效果。

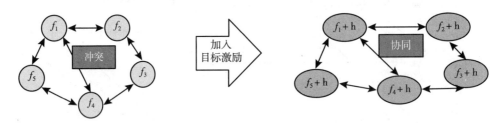

图 5-6　基于目标激励的共识机制（以 5 个智能体的系统为例）

基于目标激励的共识机制的第一个关键点在于激励的设计。激励设计的目标是使得智能体协同优化全局目标，并达成共识。为此，MACPO 提供的思路是在原有的局部目标函数中加入惩罚项，惩罚项的大小取决于当前候选解与共识解之间的距离。其中，共识解指的是节点通过邻居协商确定的当前阶段的较优解。由此可见，加入了目标激励之后，节点在优化过程中需要在自身目标函数与惩罚项之间进行平衡，如果某个候选解忽视了与共识解的距离，则会导致惩罚项过大，进而导致该候选解被淘汰。

基于目标激励的共识机制的第二个关键点在于节点冲突检测。通常，我们所说的冲突一般是指局部目标函数的最优解位置不同，然而，这并不代表在所有位置上局部目标函数的优化方向都是相反的。以图 5-7 为例，$f_1$ 和 $f_2$ 是两个互相冲突的局部目标函数，二者的梯度方向在 $x = -150$ 的位置上相同，在 $x = -100$ 的位置上相反。总而言之，在不同的优化阶段、不同的探索区域上，局部目标函数的冲突与否和冲突程度是不同的。因此，冲突检测对于目标激励有着关键的指示作用。MACPO 给出的基本思路是，在目标不冲突或冲突程度低的区域减少或取消目标激励，在目标冲突程度大的区域加入目标激励进行共识引导。具体的冲突检测方法可参考文献［202］。

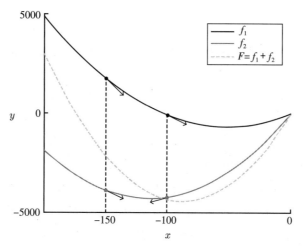

图 5-7  冲突检测示意图

### 3. 智能体共识理论证明

共识是指系统中的所有智能体经过优化之后执行相同的决策，这是多智能体系统协同运作的重要前提。为了分析分布式进化计算的共识性，下面将简要介绍一个常用的理论工具，即平均共识理论。

考虑一个含有 $n$ 个智能体的多智能体系统，该多智能体系统的通信网络 $G = <V,E>$ 是一个强连通图。在这个系统中，每个智能体 $i$ 拥有一个初始值 $x_i(0)$，记 $x_i(t) \in \mathbb{R}^D$ 为节点 $i$ 在第 $t$ 个时刻的状态，$x(t) \in \mathbb{R}^{n \times D}$ 为系统在第 $t$ 个时刻的状态，即 $x(t) = (x_1(t), x_2(t), \cdots, x_n(t))^T \in \mathbb{R}^{n \times D}$。基于通信网络 $G$，构造一个双随机矩阵 $W$ 作为多智能体系统的权重矩阵，使其满足

$$\begin{cases} W_{i,j} > 0, \ \forall (i,j) \in E \\ W_{i,j} = 0, \ \forall (i,j) \notin E \\ \sum_{j=1}^{n} W_{i,j} = 1, \ \forall i = 1, 2, \cdots, n \\ \sum_{i=1}^{n} W_{i,j} = 1, \ \forall j = 1, 2, \cdots, n \end{cases} \tag{5-22}$$

基于这个权重矩阵，多智能体系统采用状态转移方程 $x(t) = Wx(t-1)$ 时，则当时间趋于无穷时，系统最终可以达成共识，且共识状态为所有智能体初识状态的均值，即

$$\lim_{t \to \infty} x_i(t) = \frac{1}{n} \sum_{j=1}^{n} x_j(0), \ \forall i = 1, 2, \cdots, n \tag{5-23}$$

平均共识理论说明了非全连接的多智能体系统达到全局共识的条件，为分布式优化算法的设计提供了理论支撑。一般地，对分布式进化计算的共识性分析分为以下3个步骤。

1）以种群个体代表的候选解作为状态变量，将分布式进化计算的演化过程建模为动力学系统。动力学系统理论常被用于分析集中式进化计算方法的收敛性，例如，Cheng等人通过动力学系统对竞争性粒子群优化算法的种群演化过程进行建模分析。相比于集中式进化计算方法，分布式进化计算的动力学演变更加复杂。一方面，每个智能体往往维护一个种群，使得系统变量更加复杂和庞大；另一方面，多智能体系统的通信网络通常不是全连接的，信息在网络中逐步扩散的过程同样增加了动力学系统的演变复杂性。

2）分析动力学系统的收敛性和稳态。在建立了动力系统的动力学方程后，则可以应用动力学系统理论来分析系统的收敛性。例如，对于一个线性动力学系统，当其状态转移矩阵的所有特征值小于1时，则说明该动力学系统最终收敛到一个稳态。动力学系统的收敛性是多智能体系统共识的必要非充分条件。这是因为多智能体系统中不同智能体的解有可能各自收敛于不同的位置并保持稳定，这种情况下，动力学系统收敛不代表系统的共识。

3）分析多智能体系统的共识性。在得到动力学系统的稳态方程后，则可以进一步分析多智能体系统在稳态下的共识性。假设一个分布式进化计算方法在每个智能体中维护一个种群，那么多智能体系统共识的条件是所有智能体种群的所有个体都收敛到同一个解。记$x_{i,a}$为智能体$i$的种群内的第$a$个个体，则共识条件为

$$\begin{cases} x_{i,a}^* = x_{i,b}^*, \ \forall \, 1 \leqslant a,b \leqslant m \\ x_{i,a}^* = x_{j,a}^*, \ \forall \, 1 \leqslant i,j \leqslant n \end{cases} \tag{5-24}$$

其中，$x_{i,a}^*$代表个体$x_{i,a}$收敛稳定的位置，$m$是种群大小，$n$是多智能体系统的节点数量。在这个步骤中，平均共识理论可以被用来分析系统的共识性。

本节介绍了对分布式进化计算进行共识性分析所需要的理论工具和基本思路，如果读者对具体的分析证明过程感兴趣，可参考文献［200］。

### 5.3.4 目标关联

在目标关联场景中，每个智能体具有各自的局部目标，并且目标之间存在潜在的关联性。此时，智能体之间相互学习，能够提高优化效率并且改善陷入局部最优的困境。多任务进化优化（Evolutionary Multi-Task Optimization，EMTO）恰好为该场景提供了算法支撑。恰好为该场景提供了算法支撑，并且已成为同时处理不同但相似任务的一种新范式。2.6节中已经阐明多任务优化的定义，即

$$(x_1, x_2, \cdots, x_m) = \mathrm{argmin}(f_1(\boldsymbol{x}), f_2(\boldsymbol{x}), \cdots, f_m(\boldsymbol{x}))$$
$$\mathrm{s.\,t.\,} x_m \in \Omega_m$$

其中 $\Omega_m$ 是第 $m$ 个问题的决策空间, $f_m(\boldsymbol{x})$ 是第 $m$ 个问题的适应值函数。多任务优化的输出是每个优化任务的最佳解决方案,最佳解决方案的数量与任务的数量相同。

### 1. 分布式多任务优化

在分布式多任务优化框架下,多个智能体并行且独立地评估和优化各自的优化任务。每个智能体由一个个体组成。智能体之间通过通信来实现有价值的信息迁移。由于每个智能体只掌握局部信息,所以通过有效的知识迁移,从其他任务的个体中学习有价值的信息,能够提高整体任务求解的质量与效率。分布式多任务优化的详细过程主要包括两个部分,即自我进化和跨任务迁移优化。对于自我进化部分,种群可以采用具有良好优化性能的进化算法完成父代到子代的更新。对于跨任务迁移优化部分,则可粗略分为以下步骤。

1)(迁移对象与时机选择)首先进行迁移时机的选择,这决定了发生跨任务学习的频率。之后,每个智能体需要对迁移对象进行选择。在分布式场景下,智能体的拓扑结构决定了智能体只能同优化其他任务的邻居智能体进行信息交流与知识迁移,因此迁移对象的选择会遭到限制。

2)(迁移信息选择与生成)每个智能体在知识迁移的时候需要确定迁移的信息,信息可以是源任务的精英个体,也可以是考虑了分布信息或图景信息后,新生成的源任务个体。

3)(信息迁移)在完成步骤 1 和步骤 2 后,源任务的智能体与目标任务的智能体进行信息迁移。

由于目前关于分布式多任务优化的研究还处于起步阶段,所以在接下来将介绍一般的任务优化中迁移对象与时机选择,迁移信息选择与生成以及信息迁移方法。分布式多任务优化与一般的多任务优化在上述环节中有很多相似之处。同时,一般多任务优化中的相关环节为分布式多任务优化提供了很好的参考意见与设计思路。

### 2. 迁移对象与时机选择

(1)迁移对象的选择

在现有的 EMTO 算法中,迁移对象的选择主要有以下几类。

1)**根据相似性选择迁移对象**:Chen 等人采用库尔贝-莱伯勒发散(Kullback-Leibler divergence)来评估任务种群分布之间的相似性。Tang 等人则采用曼哈顿距离进行 $k$-means 聚类,之后再根据聚类信息划分任务种群。更全面地,Zhou 等人对以下三种相似性测量方法进行了比较研究:任务最佳解决方案之间的距离;任务与均匀采样解决方案之间的等级相关性;通过适应值图景来分析计算的相关性。

基于相似性的策略仍存在局限性，即无法明确指明特定任务能在多大程度上提高其他任务的收敛性能。为了弥补这一缺陷，Gupta 等人使用 $A$ 的函数梯度与 $B$ 的全局最优方向之间的余弦距离来衡量任务 $A$ 对任务 $B$ 的互补性，然后，功能协同度量（functional synergy measurement）就能够通过跨越搜索空间的截断余弦距离积分来推导。

除了直接计算距离外，还有一种间接测量相似性的方法。具体来说，可以明确地建立一个参数模型作为混合模型。混合模型是多个概率模型的加权和，每个概率模型代表一个任务的高质量种群。通过最大似然估计，可以得到混合模型的参数。概率模型的系数越高，表明源任务与目标任务之间的互补性越强。基于上述思想，Min 等人建立了一个类似参数模型，其中每个概率模型都是一个高斯过程模型，作为子问题的代理模型。通过采用这种混合模型，可以充分利用来自不同任务的个体进行跨域代理进化模型建模。

**2）根据反馈结果选择迁移对象**：在基于反馈的策略中，最直接的策略是维持一个奖励矩阵，以记录成功的信息共享历史。Liaw 和 Ting 通过以下公式确定交配概率 rmp

$$\text{rmp}_i = \frac{R_i^O}{R_i^O + R_i^S} \tag{5-25}$$

其中，$R_i^S$ 和 $R_i^O$ 分别是最佳方案被同一任务 $i$ 和其他任务改进的比率，$\text{rmp}_i$ 则决定是否对任务 $i$ 实施跨任务演化。值得注意的是，在该方法中，rmp 以粗略的方法进行控制，也就是说，不同的任务仍被等同考虑。

为了设计一种细粒度控制策略，Shang 等人建议采用 $K \times K$ 矩阵。其中 $W_{i,j}$ 代表从任务 $j$ 迁移到任务 $i$ 的成功个体的累积量。在这种方法中，可以考虑所有的不同任务之间的迁移记录。给定源任务 $i$，任务 $j$ 被选择的概率为

$$\text{rmp}_{i,j} = \frac{W_{i,j}}{\sum_{k=1}^{K} W_{i,k}} \tag{5-26}$$

根据所设计的矩阵，任务选择组件可以根据动态变化的历史信息来实现。此外，由于文献［207］中讨论的信用分配策略具有灵活性和较低的计算开销，基于反馈策略的 EMTO 框架可以轻松扩展到多任务场景。

此外，控制 rmp 的想法在许多特定场景中都得到了充分的论证。在遗传规划领域，Zhong 等人通过增加子问题，将典型符号回归问题转化为多个 EMTO 问题。为了自适应地控制子问题的交叉进化概率，参数 rmp 采用指数加权和的 0/1 奖励方式进行调整，即

$$\text{rmp} = \begin{cases} \text{rmp} * \rho + (1-\rho) * 1, X^* \leftarrow X_{\text{transfer}} \\ \text{rmp} * \rho + (1-\rho) * 0, X^* \leftarrow X_{\text{self}} \\ \text{rmp} * \rho + (1-\rho) * 0.5, X^* \leftarrow X^* \end{cases} \tag{5-27}$$

其中 $\rho$ 是衰减系数。更新规则包括三个条件：最佳解由迁移操作产生，最佳解由自我演化过程产生，最佳解保持不变。根据不同的情况，rmp 会以系数值 $\{0,0.5,1\}$ 进行更新。在组合优化中，Osaba 等人采用了一个增量参数和一个减量参数来奖励或惩罚 $K \times K$ 的 rmp 矩阵中的任意一个 rmp 元素

$$\text{rmp}_{i,j} = \begin{cases} \min(1.0, \text{rmp}_{i,j}/\Delta_{\text{inc}}), j \text{ 改进了 } i \\ \max(0.1, \text{rmp}_{i,j} \cdot \Delta_{\text{dec}}), \text{ 其他} \end{cases} \tag{5-28}$$

其中，$\Delta_{\text{inc}}$ 和 $\Delta_{\text{dec}}$ 分别代表增量参数和减量参数。

在多目标优化问题中，为了自适应地控制 rmp 参数，Binh 等人自然地将 rmp 定义为非支配集大小与种群大小之比，即

$$\text{rmp}_i = \frac{\text{ND}_i}{\text{NP}_i} \tag{5-29}$$

其中，$\text{ND}_i$ 和 $\text{NP}_i$ 分别为任务 $i$ 的非支配个体数量和种群数量。这样的策略不仅利用了进化状态，还认真考虑了多目标问题的问题属性。

（2）时机选择

目前，任务之间知识迁移的时机选择并不是研究关注的重点，关于它的分类主要有以下两种。

- 间隔一定代数：大部分现有的文献中都采用这样的方法。例如，在文献 [211] 中，任务间的显性知识迁移间隔 $G$ 代进行。
- 收敛速度小于等于 0：在文献 [212] 中，Wang 等人利用收敛速度来指导不同任务之间的信息交互。他们通过 $\rho_t = E_{t-1} - E_t$ 计算每一代的收敛率，其中 $E_{t-1}$ 和 $E_t$ 分别代表第 $t-1$ 代和第 $t$ 代的最优适应值。当第 $t$ 代的收敛率小于零时，就会触发知识迁移。

### 3. 迁移信息选择与生成

在现有的 EMTO 算法研究中，迁移信息的选择与生成主要有以下几类。

1）**基于分布的策略**：考虑到不同的最优点位置，Ding 等人提出的一项代表性工作 Generalized（GMFEA）旨在将当前最佳个体转换到均匀搜索空间的中心 $[0.5, 0.5, \cdots, 0.5]$。通过一种额外的洗牌策略，GMFEA 可以提高每个维度值的使用率，从而弥补不同问题领域导致的种群分布

差异。为了进行平移操作，每次操作时都会利用统一中心与某一任务最佳个体的样本平均值之间的差值。同样，为了更好地考虑分布信息，文献［214］和［215］也采用了样本平均值。Liang 等人通过减去源域的样本平均值并加上目标域的样本平均值，实现将高质量个体从一个域转换到另一个域。这样的做法直接弥补了种群分布差异。除此之外，Wu 和 Tan 通过除以源域的样本平均值，然后乘以目标域的样本平均值，实现将高质量个体从一个域转换到另一个域。上述研究只考虑了单一分布中的样本。不同的是，Liang 等人从更广义的角度出发，采用了两个种群分布的乘积来表示共同搜索区域。通过比较和评估源平均值和分布乘积，可以自适应地调整迁移方向和迁移幅度。

2）**基于匹配的策略**：该策略假设有一个变换算子，可以将源域转换为一个目标域共享高阶相关性的新域，也就是说，给定一个转换算子 $M$，理想的算子可以实现 $f_t(M(x_1)) > f_t(M(x_2))$，如果任意 $x_1$、$x_2$ 满足 $f_s(x_1) > f_s(x_2)$，其中 $f_s(\cdot)$ 和 $f_t(\cdot)$ 分别代表源域和目标域的适应值函数。基于这一假设，许多研究都提出了如何匹配源图景和目标图景中个体的方法。

在这些方法中，最早出现的是 Linearized Domain Adaptation-MFEA（LDA-MFEA）。在 LDA-MFEA 中，源域和目标域中的个体首先根据拟合函数进行排序，然后用最小二乘法构建一对一的映射矩阵。也就是说，将源域中的最优解映射到目标域中的最优解，将源域中的次优解映射到目标域中的次优解，等等。在进化过程中，由于源域和目标域中被评估个体的积累，映射矩阵在每一代都会被重新计算。为了利用映射矩阵，在迁移步骤中，源域中的个体 $x$ 将被映射为 $\hat{x} = Mx$，其中 $M$ 是映射矩阵，$\hat{x}$ 将在目标域中进行后续操作。LDA-MFEA 是基于匹配方法的重要算法，它从等级相关的角度直接解决了负迁移问题。

3）**混合的策略**：混合的策略结合了上述两种策略，并弥补了两者的不足。例如，Xue 等人指出，在不考虑拓扑信息的情况下，直接将源域中排名靠前的个体匹配到目标域可能会导致混乱匹配问题。于是，Xue 等人没有直接建立映射矩阵，而是通过仿射变换（affine transformation）对源域个体进行了高斯分布渐进形式的修改。由于仿射变换可以保持分布拓扑不变，因此可以处理混乱匹配问题，并进一步提高变换质量。

### 4. 信息迁移方法

现有的 EMTO 算法主要包括两种迁移策略。

1）**隐式知识迁移策略**：隐式 EMTO 算法通常采用单一种群，并致力于在不同优化任务的个体之间进行交叉，从而隐式地进行知识迁移。对于隐式知识迁移策略，Gupta 等人首先提出了一种多因子进化算法，通过隐式遗传交叉来同时处理多个相似的优化任务。在这一范例的基础上又提出了后续变体，以提高其优化性能。例如，Bali 等人为了缓解可能出现的负迁移，提出了 MFEA-Ⅱ。MFEA-Ⅱ能通过学习和利用任务之间的相似性来自适应地调节随机交配概率 rmp。

　　2）**显式知识迁移策略**：显式 EMTO 算法将每个优化任务分配给一个独立的种群，并通过额外的迁移学习模块在任务间进行显式知识迁移。与隐式 EMTO 算法相比，显式 EMTO 算法由于专门设计了知识迁移机制，通常能取得更好的性能。例如，Feng 等人提出了一种基于跨任务显式迁移机制的 EMTO 算法。该算法采用去噪自编码器将一个任务搜索空间中的高质量解映射到目标任务的搜索空间。考虑到自编码进化搜索无法捕捉任务之间的非线性关系，Zhou 等人提出采用核化自编码器（kernelized auto encoding），在再生核希尔伯特空间（reproducing kernel hilbert space）中进行非线性映射。

# 第 6 章

# 数据安全与隐私保护的分布式进化计算方法

近年来，随着大数据时代的到来、算力的不断提升以及先进算法的出现，人工智能（AI）开始在医疗、金融、教育等多个领域展现其巨大的潜力。然而，AI 系统的高效运作需要大量数据进行训练，这不可避免地引发了对个人隐私保护的担忧，AI 领域对隐私保护技术的需求日益增长。作为人工智能优化算法，进化计算同样有着数据隐私安全的需求。

本章将首先介绍数据安全与隐私保护的分布式进化计算的基本思想和描述框架，然后介绍进化计算即服务的隐私保护，最后介绍多智能体进化计算的隐私保护。

## 6.1 基本思想与描述框架

在数字化时代，数据隐私已成为一个不可忽视的议题。随着计算机技术的发展，尤其是在数据库技术广泛应用的背景下，个人数据的安全问题逐渐受到社会的关注。早在 20 世纪 70 年代，人们就开始意识到需要对个人数据进行保护，以防止未经授权的访问和信息泄露。关系数据库管理系统中的隐私保护功能是其中代表性的案例，比如 Oracle 数据库的数据加密和访问控制功能。

数据隐私保护的基本技术包括差分隐私、同态加密和多方安全计算等。差分隐私是一种通过向数据中添加可控噪声的方式来保护用户隐私的技术。在加入噪声后，即使相关数据被用于统计分析，攻击者也难以高置信度地推断出个体敏感信息。同态加密通过采用 Paillier 加密等加密算法对数据进行加密，使得数据可以在无须解密的状态下也能正确完成相关计算操作，通过不共享明文数据保证了数据的安全性。多方安全计算则是一种面向多个互不信任参与方的协作计算框架，通过密码学协议确保各方在仅共享计算结果而不暴露原始数据的情况下，共同完成特定计算任务。

当前，人工智能技术发展迅速，在医疗、金融、教育等多个领域展现出重要的意义和应用前景。因此，人工智能技术的隐私安全同样受到了研究者的广泛重视。面向隐私保护需求，联邦学习允许多个设备在保持数据隐私的前提下协同训练模型，这种方法既保护了用户数据，又利用了广泛的数据资源来提高模型的性能。此外，隐私保护机器学习技术也在发展中，旨在创建即使在数据加密状态下也能进行的机器学习算法，如基于同态加密的安全预测模型。同时，数据脱敏和匿名化技术在 AI 应用前的数据准备阶段也发挥着重要作用，它们通过去除或替换敏感信息，或者减少个人数据的识别风险，以保障个人隐私。

作为人工智能优化算法，进化计算同样有着数据隐私安全的需求。进化计算的隐私安全需求主要体现在分布式计算环境中，这是由于数据泄露容易发生在信息交换过程中，以下将提供三个实际的例子辅助说明分布式进化计算中的隐私风险。

1）云服务商外包优化场景的分布式进化计算：某个制造业生产厂商为了保持市场竞争力，希望利用人工智能技术辅助优化产品的生产配比或生产计划。然而，制造业厂商可能不具备设计先进优化算法的专业知识，他们需要将优化需求外包给可提供求解复杂优化问题服务的云服务商。因此，这个优化服务形成一个简单的分布式计算系统，其中存在客户和云服务商两个角色，客户将优化任务发送给云服务商，云服务商求解问题后将最优化结果返回给客户。这个分布式计算系统存在的隐私风险在于，客户不希望向云服务商或其他任何机构透露自己需要求解的优化问题的相关数据及最优解，因为这涉及商业机密。

2）多智能体系统协同优化场景的分布式进化计算：在智能电网、车联网、物联网等分布式系统中，城市内分散的大量配电站、汽车、智能监控等终端设备通过无线通信网络连接。这些终端设备为了完成全域范围内的电力分配、交通调控等复杂优化问题，需要利用各自感知收集的数据，通过通信网络协作执行分布式优化算法。这个分布式计算系统中同样也存在着隐私泄露风险，这是因为区域配电数据、车辆行驶数据等都属于用户的数据隐私，如果分布式系统中存在着恶意节点，会危害其他参与者的利益。

3）联邦数据驱动的分布式进化计算：联邦学习是一种无须集中数据即可联合训练模型的分布式机器学习方法，类似地，联邦数据驱动进化优化则允许多个计算节点在不交换数据的前提下协同优化解决问题。例如，每家汽车厂商拥有少量的汽车事故数据，包括不同的碰撞情景、车辆受损情况、驾驶员受伤情况等。这些数据由于涉及隐私和商业机密，不能直接共享，通过联邦数据驱动优化技术，各家厂商可以在不共享原始数据的前提下，联合训练代理模型来优化汽车结构设计，提高车辆的整体安全性。在这个场景下，代理模型的隐私性同样值得重视，攻击方可以通过代理模型推断出相关的原始数据，造成厂商信息泄露。因此，差分隐私等技术在联邦数据驱动的分布式进化计算中受到了研究者的关注。

通过上述例子可见，数据安全与隐私保护对于分布式进化计算有着重要的意义。目前，数据安全与隐私保护的分布式进化计算主要有三类典型的优化范式，分别是基于云计算的集中式优化范式、基于分布式计算节点的分布式优化范式、基于边缘计算的分布式数据驱动优化范式。其中，第一类范式将云计算等计算平台作为一个服务商，基于进化计算提供复杂问题优化服务。云服务器一般负责维护进化计算的种群，并搜索最优解。第二类范式使用一组分布式的计算节点参与到进化计算的优化过程中，集群中的每个节点具备一定的算力，节点之间协同完成问题的优化。第三类范式利用多个边缘节点的数据来协同解决数据驱动优化问题，每个边缘节点可独立地收集并存储数据，通过代理模型等方式将私有数据参与到全局优化中。

为了描述不同的隐私保护进化计算范式，有学者提出了"目标-动机-位置-方法"（object-motivation-position-method）的描述框架，其具体内涵如下：目标（object）——什么样的数据被视为隐私数据，动机（motivation）——为什么需要包含该隐私数据，位置（position）——隐私保护技术在什么位置被应用，方法（method）——什么样的隐私保护技术可以在隐私保护和进化计算之间取得平衡。本章后续内容将基于该框架对典型的隐私保护进化计算范式进行介绍。

## 6.2　进化计算即服务的隐私保护

在进化计算即服务中，客户将其优化问题 $D$ 外包给了云服务器，云服务器初始化一个由 $n$ 个个体组成的种群。该优化范式可以描述为

$$\underset{x^* \in D}{\arg\min} f(x^*) \leftarrow \int_{l=1}^{l=m} \min\{f(x_1), f(x_2), \cdots, f(x_n)\} \tag{6-1}$$

其中，$f(x_i)$ 是候选解 $x_i$ 的适应值，$x^*$ 是优化得到的最终解。

1）**目标**：对于进化计算即服务，其隐私保护的目标包含云服务的输入数据与输出数据。第一，客户将优化需求外包给云服务时的输入数据，即用于定义问题的数据和约束，应当被视为隐私数据。例如，神经网络优化问题所使用的训练数据，以及交通路由问题所使用的地图信息、交通数据等，对于客户来说有着重要的商业价值和安全需求。第二，云服务完成优化任务后所得到的优化结果，即输出数据，也应当被视为隐私数据。例如，产品设计问题的优化结果是产品的加工配比或结构方案，神经网络优化问题的优化结果是神经网络模型，这些数据对于客户来说同样是至关重要的隐私数据。

2）**动机**：云服务场景的安全保护动机源自两方面。一方面，云服务商可能主动窃取客户的信息与数据；另一方面，云服务商可能遭受网络攻击，使得客户的信息与数据被第三方所掌控。因此，一个完善的隐私保护算法应当保证在以上两种情形下都不会使得用户的信息泄露。

3）**位置**：在云服务场景，客户端和服务端都是隐私保护技术所需要部署的位置。在客户端，客户应当应用隐私保护技术保护问题的输入数据，而在服务端，云服务器应当应用隐私保护技术保护问题的输出数据。

4）**方法**：进化计算即服务的隐私保护涉及三个方面的技术。第一，用于保护问题的输入数据的加密技术，这使得客户可以传输加密后的输入数据给云服务商，而不是原始数据。第二，用于进化计算维护种群且完成演化过程的加密计算方法。在这个场景下，云服务器应当维

护一个加密的种群，保证候选解不被泄露；在此基础上，云服务器应当在加密的种群个体之间完成进化计算的交叉、变异、选择等计算操作。第三，用于比较适应值的加密技术。进化计算基于优胜劣汰的基本思想，通过比较个体的优劣来推进种群的演化。因此，如何在不泄露个体适应值的情形下实现对个体之间的优劣比较，同样需要特定的加密技术。

## 6.2.1　进化计算即服务场景下的隐私保护问题定义

### 1. 隐私保护对象

在优化问题中，问题定义中的参数，以及方案评价所使用的数据，都被视为隐私数据。除此之外，优化结果也被视为隐私数据，不允许被用户之外的其他参与方获知。

### 2. 系统模型

隐私保护遗传算法的系统模型包含一个用户端和两个云服务端，具体描述如下。

1) **用户端**：用户端将一个优化问题 $\mathcal{P}$ 外包给云服务商，为了保证隐私安全，用户端会生成一对公钥/私钥对 $(pk, sk)$，并使用公钥对问题数据进行加密，记为 $[\![\mathcal{P}]\!]$。然后，将私钥分为两部分 $sk_1$ 和 $sk_2$，分别发送给两个云服务端。

2) **云服务端 1**：云服务端 1 负责存储问题数据 $[\![\mathcal{P}]\!]$，通过安全双方计算协议与云服务端 2 协同进行进化优化计算。

3) **云服务端 2**：云服务端 2 辅助云服务端 1 进行进化优化计算。

"进化计算即服务"隐私安全计算模型如图 6-1 所示。

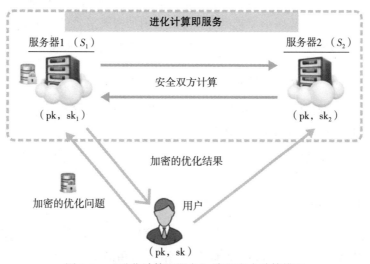

图 6-1　"进化计算即服务"隐私安全计算模型

### 3. 攻击模型

在这个场景下，存在一种攻击方试图获取用户的隐私信息的情况，特别是优化问题的信息。攻击方可以是 $S_1$ 或 $S_2$，一般假设 $S_1$ 和 $S_2$ 都是"诚实但好奇"（honest but curious）的敌对方，意味着它们遵循所需的计算协议并正确执行必要的计算，但可能尝试使用加密数据和中间计算结果获取用户的隐私信息。

## 6.2.2　算法流程

与传统遗传算法相同，该算法的优化流程分为 5 个步骤，即种群初始化、评估、选择、交叉与变异。为了保护隐私安全，文献［221］对这些步骤进行了重构，在保障数据不泄露的前提下实现了等价的优化结果。

**1）种群初始化**：服务端 $S_1$ 随机初始化一个大小为 $n$ 的种群，记为 $\{[\![x_1]\!],[\![x_2]\!],\cdots,[\![x_n]\!]\}$，其中 $x_i \in \mathcal{P}(i=1,2,\cdots,n)$。

**2）评估**：给定 $n$ 个加密染色体，评估阶段首先计算每个加密染色体的适应度值。具体来说，利用 Paillier 加密系统（Threshold Paillier Cryptosystem，THPC）的同态性，根据评估函数 $f$ 可以获取每个染色体的加密适应度值 $\{[\![f(x_1)]\!],\cdots,[\![f(x_n)]\!]\}$。此外，评估阶段还应确定具有最小适应度值的最佳染色体，为实现这一目标，使用安全比较协议来比较 $[\![f(x_i)]\!]$ 和 $[\![f(x_j)]\!]$（其中 $i,j \in [1,n]$ 且 $i \neq j$）。最终，可以获得最低的适应值 $[\![f(x_k)]\!]$，其中 $f(x_k)$ 满足 $f(x_k) = \min\{f(x_1),\cdots,f(x_n)\}$ 且 $k \in [1,n]$。

**3）选择**：对于 $n$ 个加密染色体，适应度比例选择算子在遗传算法中通常被用于选择优势个体。首先，为每个个体计算一个加密概率，随后利用加密概率执行适应度比例选择的操作。由于该步骤涉及的关键操作包括对加密数据的加法、除法和比较。在这个过程中，使用安全除法协议在加密数据上进行除法，即给定 $[\![a]\!]$ 和 $[\![b]\!]$，可以输出 $\left[\!\left[\dfrac{a}{b}\right]\!\right]$。

**4）交叉**：交叉步骤选择两个染色体作为父代，并执行交叉算子生成子代。在这个过程中，父代的一些基因进行交换以创建新的染色体。

**5）变异**：对于每个加密染色体，该步骤交换或改变一些基因以生成新的染色体。

## 6.2.3　安全计算协议

进化计算包含多种数学计算，为了在加密数据上完成安全的计算过程，需要对应地设计安全计算协议。本节将介绍安全二方计算系统模型下两个常用的安全计算协议，即安全除法协议和安全比较协议。

#### 1. 安全除法协议

给定两个数 $[\![x]\!]$ 和 $[\![y]\!]$，安全除法协议的目标是计算出 $[\![(x/y)]\!]$。安全除法协议的关键是将除法转换为标量乘法（scalar-multiplication）。具体地，对于任意的整数 $x$ 和 $y$，满足 $(x/y)=(x\cdot Y)/2^l$，其中 $Y=(1/y)\cdot 2^l$。基于这个思路，进化计算中的安全除法可以通过以下三个步骤完成。

1）服务器 $S_1$ 使用部分解密技术将 $[\![y]\!]$ 部分解密，获得 $[y]_1$。然后，它将 $<[\![y]\!],[y]_1>$ 发送给服务器 $S_2$。

2）服务器 $S_2$ 使用部分解密技术将 $[\![y]\!]$ 部分解密，获得 $[y]_2$。随后，使用阈值解密技术将 $[y]_1$ 和 $[y]_2$ 解密为 $y$。然后，计算出 $Y=(\text{den}\uparrow/\text{den}\downarrow)\cdot 2^l$，其中 $\text{den}=(1/y)$。最后，服务器 $S_2$ 将 $Y$ 发送给服务器 $S_1$。（由于 Paillier 同态加密只能处理整数，但是这个算法中要处理浮点数，因此需要将浮点数 $x$ 转为整数的形式。其中，$x\uparrow$ 表示分子，$x\downarrow$ 表示分母，$l$ 为常数。当 $l$ 设为 53 时，可以编码 64 位浮点数。通过存储 $x\uparrow$ 和 $x\downarrow$ 这两个整数，就可以记录原浮点数 $x$。）

3）服务器 $S_1$ 计算得到 $[\![(x/y)]\!]=[\![x]\!]^Y$。

最终，服务器 $S_1$ 可以得到除法结果的加密值。

#### 2. 安全比较协议

给定两个数 $[\![x]\!]$ 和 $[\![y]\!]$，安全比较协议的目标是在 $x\geqslant y$ 时返回 0，在 $x<y$ 时返回 1。安全比较协议同样包含三个步骤。

1）服务器 $S_1$ 生成一个随机数 $\pi\in\{0,1\}$，然后计算

$$[\![\Delta]\!]=\begin{cases}([\![x]\!]\cdot[\![y]\!]^{-1})^{r_1}\cdot[\![r_1+r_2]\!],\text{对于 }\pi=0\\([\![y]\!]\cdot[\![x]\!]^{-1})\cdot[\![r_2]\!],\text{对于 }\pi=1\end{cases} \tag{6-2}$$

$r_1$、$r_2$ 是两个满足以下条件的随机参数。其中，$\sigma$ 为隐私参数，可设为 128，$\{0,1\}^\sigma$ 代表所有长度为 $\sigma$ 的二进制序列组成的集合，共有 $2^\sigma$ 个元素；$N$ 为一个正整数，可设为 256。

$$\begin{cases}r_1\leftarrow\{0,1\}^\sigma\{0\}\\r_1+r_2>\left(\dfrac{N}{2}\right)\\r_2\leqslant\left(\dfrac{N}{2}\right)\end{cases} \tag{6-3}$$

计算出 $[\![\Delta]\!]$ 后，服务器 $S_1$ 使用部分解密技术将 $[\![\Delta]\!]$ 解密为 $[\Delta]_1$，并将 $<[\![\Delta]\!],[\Delta]_1>$ 发送给服务器 $S_2$。

2）服务器 $S_2$ 接收后，使用部分解密技术获得 $[\Delta]_2$，然后使用阈值解密技术获得 $\Delta$。如果

$\Delta > (N/2)$，将变量 $u$ 设为 $0$，否则设为 $1$。服务器 $S_2$ 将 $u$ 发送给服务器 $S_1$。

3）最后，服务器 $S_1$ 可以通过异或计算 $\pi \oplus u$ 来获得比较结果。

最终，服务器 $S_1$ 可以在不知道 $x$、$y$ 取值的情况下得到两者的比较结果。

## 6.3    多智能体进化计算的隐私保护

多智能体进化计算范式由多个计算设备共同参与，每个设备维护一个候选解，使用进化计算协同优化问题。该优化范式可以描述为

$$\underset{x^* \in D}{\arg\min} f(x^*) \leftarrow \int_{l=1}^{l=m} \min\{h_1(x_1), h_2(x_2), \cdots, h_n(x_n)\} \tag{6-4}$$

其中，$n$ 是参与计算的设备数量，$h_i(x_i)$ 是第 $i$ 个分布式设备的适应值，$x^*$ 是优化得到的最终解。

**1）目标：** 与进化计算即服务类似，多智能体进化计算范式下同样需要保护输入数据与输出数据的隐私安全。除此之外，多智能体进化计算范式还需保护每个参与设备方的本地方案，因为这些本地方案有可能成为最终的全局优化结果，所以有必要保护其隐私安全。

**2）动机：** 多智能体进化计算范式的隐私保护动机源自参与计算的分布式设备，这些设备是不可信的，它们有可能窃取问题的数据信息、输出方案，也有可能窃取其他设备的本地方案。

**3）位置：** 在该范式下，客户端和分布式设备端都是隐私保护技术所需要部署的位置。与云服务场景类似，客户端应当应用隐私保护技术保护问题的输入数据，分布式设备端应当应用隐私保护技术保护问题的输出数据和自己的本地方案。

**4）方法：** 与云服务范式类似，多智能体进化计算范式同样需要三个方面的隐私保护技术，即用于保护问题的输入数据的加密技术、用于进化计算维护种群且完成演化过程的加密计算方法、用于比较适应值的加密技术。相比于云服务范式将种群存放在同一个云服务器，本范式的种群是分散存储在不同的分布式设备上的，且分布式设备之间不允许互相获取解与适应值。因此，如何在这种范式下完成进化计算的演化过程与个体适应值比较，对隐私保护优化技术带来了新的挑战。

### 6.3.1    多智能体进化计算场景下的隐私保护问题定义

#### 1. 隐私保护对象

假设 $f$ 是一个优化问题。隐私保护的多智能体粒子群优化算法包括一个聚合器和 $m$ 个分布式计算节点，每个节点代表一个粒子。每个粒子的位置向量 $X$ 和速度向量 $V$ 被视为节点的私有数据。此外，其局部最优位置 pBest 和适应值 $f(\text{pBest})$ 也被视为私有数据。特别地，由整个种群生成的全局最优位置 gBest 被认为是私有数据。隐私保护的多智能体粒子群优化算法确保任何

粒子的私有数据在选择和更新粒子期间不会泄露给其他设备（其他粒子和聚合器）。具体地，隐私保护的多智能体粒子群优化算法保证每个节点只知道自己的数据 $\mathbb{X} \leftarrow \{X, V, \text{pBest}, f(\text{pBest})\}$ 的情况下，能够输出优化结果 $\text{gBest} \leftarrow \mathcal{F}(\mathbb{X}_1, \mathbb{X}_2, \cdots, \mathbb{X}_m)$，其中 $\mathcal{F}$ 表示粒子群选择和更新操作。

#### 2. 系统模型

隐私保护的多智能体粒子群优化由云服务器、聚合器和 $m$ 个分布式计算节点组成。

- 粒子（分布式计算节点）：由 $\{W_1, \cdots, W_m\}$ 表示的 $m$ 个粒子与聚合器协作执行 PSO。为了保护私有数据 $V$、$X$、$f(\text{pBest})$ 和 pBest，每个粒子从云服务器获取一个公钥 pk 并对其私有数据进行加密。每个粒子与聚合器和云服务器合作执行提出的隐私保护三方计算协议，并更新其位置向量和速度向量。
- 聚合器：聚合器负责汇总所有粒子的解并维护 gBest。特别地，聚合器和云服务器共同执行提出的隐私保护优势个体选择算法，并获取 $\llbracket \text{gBest} \rrbracket$。
- 云服务器：云服务器将 PSO 的计算外包给聚合器和 $m$ 个粒子。此外，云服务器参与隐私保护选择和隐私保护粒子更新。特别地，云服务器负责将公钥 pk 分发给粒子和聚合器。

#### 3. 攻击模型

攻击模型常被用于来描述分析系统潜在的安全威胁。在这个场景下，所有实体（即粒子、聚合器和云服务器）都被视为"诚实但好奇"的实体，它们完全遵循协议但尝试获取其他实体的私有数据。因此，为了避免隐私泄漏，任意两个实体之间的通信内容都经过加密。该系统的攻击模型描述如下。

- 聚合器作为主动攻击者 $A_G$，掌握 $\llbracket X \rrbracket$、$\llbracket f(\text{pBest}) \rrbracket$ 和 $\llbracket \text{pBest} \rrbracket$，试图获取 $X$、$f(\text{pBest})$ 和 pBest。
- 粒子作为主动攻击者 $A_P$，掌握 $R \cdot (\text{gBest} - X)$ 和 $X$，并试图获取 gBest。$R$ 为随机向量。
- 云服务器作为主动攻击者 $A_C$，可以解密所有加密数据，并试图获取 $X$、pBest、gBest 和 $f(\text{pBest})$。

### 6.3.2　隐私保护的多智能体粒子群优化算法

隐私保护的多智能体粒子群优化算法是该场景下的一个代表性算法，如图 6-2 所示，其主要流程如下。

1）初始化配置：云服务器基于 PSO 初始化优化任务，设置 PSO 运行参数 $\Theta$。在此之后，云服务器设置一个公私密钥对（即 pk 和 sk）。接下来，云服务器将 pk、$\Theta$ 和 sk 分别发送到每个粒子和聚合器。

2）初始化、更新 $V_i$ 和 $X_i$：在第一次更新中，$W_i$ 随机初始化 $V_i$ 和 $X_i$。在后续的更新中，$W_i$ 与云服务器和聚合器合作执行提出的隐私保护三方计算协议 $\Pi$ 来获取 $R_i \cdot (\text{gBest}-X_i)$，即 $R_i \cdot (\text{gBest}-X_i) \leftarrow \Pi(\llbracket X_i \rrbracket, \llbracket \text{gBest} \rrbracket, R_i)$。然后，$W_i$ 计算 $c_2 \cdot R_i \cdot (\text{gBest}-X_i)$，并根据粒子群优化算法更新 $V_i$ 和 $X_i$。

3）计算 $f(X_i)$ 和设置 $\text{pBest}_i$：$W_i$ 将作为 $f$、$\Theta$、$X_i$ 作为输入，并计算 $f(X_i)$。如果 $f(X_i) < f(\text{pBest}_i)$，$W_i$ 设置 $\text{pBest}_i \leftarrow X_i$。

4）提交加密的 $X_i$、$\text{pBest}_i$ 和 $f(\text{pBest}_i)$：$W_i$ 用 pk 分别将 $X_i$、$\text{pBest}_i$ 和 $f(\text{pBest}_i)$ 加密为 $\llbracket X_i \rrbracket$、$\llbracket \text{pBest}_i \rrbracket$ 和 $\llbracket f(\text{pBest}_i) \rrbracket$。然后，$W_i$ 上传 $\llbracket X_i \rrbracket$、$\llbracket \text{pBest}_i \rrbracket$ 和 $\llbracket f(\text{pBest}_i) \rrbracket$ 给聚合器。

5）优势个体选择：选择粒子群中一个适应值最小的粒子作为优势个体，聚合器和云服务器联合进行隐私保护的优势个体选择算法 $\Omega$，即

$$\langle \llbracket f(\text{gBest}) \rrbracket, \llbracket \text{gBest} \rrbracket \rangle \leftarrow \Omega(\{ \langle \llbracket f(\text{pBest}_i) \rrbracket, \llbracket \text{pBest}_i \rrbracket \rangle \}_{i=1}^m)$$

6）发送加密的 $R_i \cdot (\text{gBest}-X_i)$：首先，对于任意一个粒子 $W_i(i \in [1,n])$，聚合器选择 $n$ 个不同的具有 $l$ 位有效数字的随机数并生成一个随机向量 $R_i \leftarrow \{r_2^1, r_2^2, \cdots, r_2^n\}$；然后聚合器对于 $d \in [1,n]$ 计算 $\llbracket r_2^d \cdot (g^d - x_i^d) \rrbracket \leftarrow \llbracket (g^d - x_i^d)^{N-1} \rrbracket^{r_2^d}$，并且发送 $\llbracket R_i \cdot (\text{gBest}-X_i) \rrbracket$ 给 $W_i$。值得注意的是，在每一次迭代中聚合器都会刷新 $R_i$。

7）上传加密的 $R_i \cdot (\text{gBest}-X_i)$：$W_i$ 从聚合器接收 $\llbracket R_i \cdot (\text{gBest}-X_i) \rrbracket$ 后，上传 $\llbracket R_i \cdot (\text{gBest}-X_i) \rrbracket$ 给云服务器并请求一个解密服务。

8）返回 $R_i \cdot (\text{gBest}-X_i)$：一旦云服务器接收到一个解密服务，云服务器会用 sk 来解密 $\llbracket R_i \cdot (\text{gBest}-X_i) \rrbracket$ 成为 $R_i \cdot (\text{gBest}-X_i)$。特别地，对于 $d \in [1,n]$，如果 $r_2^d \cdot (g^d - x_i^d) > \dfrac{N}{2}$，云服务器计算 $r_2^d \cdot (g^d - x_i^d) \leftarrow r_2^d \cdot (g^d - x_i^d) - N$。最终，云服务器返回 $R_i \cdot (\text{gBest}-X_i)$ 给 $W_i$。

### 6.3.3 安全计算协议

为了在多智能体粒子群模型下进行安全的进化计算，本节将介绍该系统模型下两个常用的安全计算协议，分别是用于适应值比较的安全二方比较协议和用于粒子更新的安全三方计算协议。

#### 1. 用于适应值比较的安全二方比较协议

在优势个体选择步骤中，聚合器需要比较各个粒子的适应值，选择出适应值最小的粒子作为优势个体。由于聚合器只含有两个待比较的加密适应值数据 $\llbracket x \rrbracket$ 和 $\llbracket y \rrbracket$（$x, y \in [-10^l, 10^l]$），其中 $l$ 的取值为 32，私钥 sk 被服务器掌握，所以聚合器需要和服务器进行安全二方计算得到比

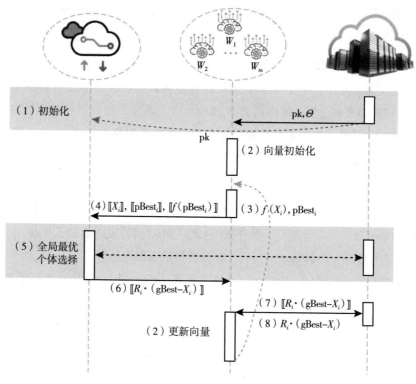

图 6-2　"多智能体进化计算"隐私安全计算模型

较结果。该安全比较协议包含以下三个步骤。

1）聚合器首先随机生成布尔值 $\pi \in \{0,1\}$，利用统计安全参数 $\sigma\left(10^l << 2^\sigma << \dfrac{N}{2}\right)$，生成两个数 $\gamma_1 \in (0, 2^\sigma)$、$\gamma_2 \in \left(\dfrac{N}{2} - \gamma_1, \dfrac{N}{2}\right)$。然后，聚合器可计算

$$\mathcal{D} \leftarrow \begin{cases} (\llbracket x \rrbracket \cdot \llbracket y \rrbracket^{N-1})^{\gamma_1} \cdot \llbracket \gamma_1 + \gamma_2 \rrbracket & , \pi = 0 \\ (\llbracket y \rrbracket \cdot \llbracket x \rrbracket^{N-1})^{\gamma_1} \cdot \llbracket \gamma_2 \rrbracket & , \pi = 1 \end{cases} \tag{6-5}$$

其中，$\llbracket \gamma_1 + \gamma_2 \rrbracket \leftarrow \mathrm{Enc}_{pk}(\gamma_1 + \gamma_2)$，$\llbracket \gamma_2 \rrbracket \leftarrow \mathrm{Enc}_{pk} \gamma_2$。完成计算后，聚合器将 $\mathcal{D}$ 发送给云服务器。

2）云服务器进行如下计算：

$$\llbracket u' \rrbracket \leftarrow \begin{cases} \mathrm{Enc}_{pk}(0), \Delta > \dfrac{N}{2} \\ \mathrm{Enc}_{pk}(1), \Delta \leqslant \dfrac{N}{2} \end{cases} \tag{6-6}$$

其中，$\Delta$ 为利用私钥 sk 对 $\mathcal{D}$ 的解密结果。随后，云服务器将 $[\![u']\!]$ 发送给聚合器。

3）聚合器进行如下计算：当 $\pi = 1$ 时，$[\![u]\!] \leftarrow [\![1]\!] \cdot ([\![u']\!])^{N-1}$；否则，$[\![u]\!] \leftarrow [\![u']\!]$。

### 2. 用于粒子更新的安全三方计算协议

在粒子位置更新步骤中，一个粒子节点只拥有加密数据 $[\![X]\!]$，它希望利用全局最优粒子 gBest 来更新自己的速度和位置，即得到 $R \cdot (\text{gBest} - X)$。因此，粒子节点需要借助聚合器和云服务器进行安全三方计算，因为聚合器拥有加密的最佳粒子数据 $[\![\text{gBest}]\!]$ 以及公钥 pk，云服务器拥有私钥 sk。具体地，该协议包含以下四个步骤。

1）粒子节点将 $[\![X]\!]$ 发送给聚合器。

2）对于解的每个维度 $d \in [1, n]$，聚合器首先计算 $[\![r_2^d \cdot (g^d - x^d)]\!] \leftarrow ([\![g^d]\!] \cdot [\![x^d]\!]^{N-1})^{r_2^d}$，其中，$r_2^d$ 是 $l$ 位的随机数。完成计算后，聚合器将 $[\![R \cdot (\text{gBest} - X)]\!]$ 发送给粒子节点。

3）粒子节点接收到 $[\![R \cdot (\text{gBest} - X)]\!]$ 后，将其转发给云服务器。

4）云服务器利用私钥将 $[\![R \cdot (\text{gBest} - X)]\!]$ 解密为 $R \cdot (\text{gBest} - X)$，并发送给粒子节点。

# 参考文献

［1］ MUKHOPADHYAY A, MAULIK U, BANDYOPADHYAY S, et al. A survey of multiobjective evolutionary algorithms for data mining：part I ［J/OL］. IEEE Transactions on Evolutionary Computation, 2014, 18 （1）：4-19. https：//doi. org/10. 1109/TEVC. 2013. 2290086.

［2］ XUE B, ZHANG M, BROWNE W N, et al. A survey on evolutionary computation approaches to feature selection ［J/OL］. IEEE Transactions on Evolutionary Computation, 2016, 20 （4）：606-626. https：// doi. org/10. 1109/TEVC. 2015. 2504420.

［3］ HE L, ISHIBUCHI H, TRIVEDI A, et al. A survey of normalization methods in multiobjective evolutionary algorithms ［J/OL］. IEEE Transactions on Evolutionary Computation, 2021, 25 （6）：1028-1048. https：// doi. org/10. 1109/TEVC. 2021. 3076514.

［4］ YAZDANI D, CHENG R, YAZDANI D, et al. A survey of evolutionary continuous dynamic optimization over two decades—part A ［J/OL］. IEEE Transactions on Evolutionary Computation, 2021, 25 （4）：609-629. https：//doi. org/10. 1109/TEVC. 2021. 3060014.

［5］ BI Y, XUE B, MESEJO P, et al. A survey on evolutionary computation for computer vision and image analysis：past, present, and future trends ［J/OL］. IEEE Transactions on Evolutionary Computation, 2023, 27 （1）：5-25. https：//doi. org/10. 1109/TEVC. 2022. 3220747.

［6］ DEB K, PRATAP A, AGARWAL S, et al. A fast and elitist multiobjective genetic algorithm：NSGA-II ［J］. IEEE Transactions on Evolutionary Computation, 2002, 6 （2）：182-197.

［7］ LENSEN A, XUE B, ZHANG M. Genetic programming for evolving a front of interpretable models for data visualization ［J/OL］. IEEE Transactions on Cybernetics, 2021, 51 （11）：5468-5482. https：//doi. org/ 10. 1109/TCYB. 2020. 2970198.

［8］ JIA Y H, MEI Y, ZHANG M. A bilevel ant colony optimization algorithm for capacitated electric vehicle routing problem ［J/OL］. IEEE Transactions on Cybernetics, 2022, 52 （10）：10855-10868. https：// doi. org/10. 1109/TCYB. 2021. 3069942.

［9］ ALRASHIDI M R, EL-HAWARY M E. A survey of particle swarm optimization applications in electric power systems ［J/OL］. IEEE Transactions on Evolutionary Computation, 2009, 13 （4）：913-918.

https://doi.org/10.1109/TEVC.2006.880326.

[ 10 ] JIA Y H, CHEN W N, GU T, et al. A dynamic logistic dispatching system with set-based particle swarm optimization [J/OL]. IEEE Transactions on Systems, Man, and Cybernetics: Systems, 2018, 48 (9): 1607-1621. https://doi.org/10.1109/TSMC.2017.2682264.

[ 11 ] CHEN W N, TAN D Z, YANG Q, et al. Ant colony optimization for the control of pollutant spreading on social networks [J/OL]. IEEE Transactions on Cybernetics, 2020, 50 (9): 4053 – 4065. https://doi.org/10.1109/TCYB.2019.2922266.

[ 12 ] TANG J, LIU G, PAN Q. A review on representative swarm intelligence algorithms for solving optimization problems: applications and trends [J/OL]. IEEE/CAA Journal of Automatica Sinica, 2021, 8 (10): 1627-1643. https://doi.org/10.1109/JAS.2021.1004129.

[ 13 ] NIKOLOV H, STEFANOV T, DEPRETTERE E. Systematic and automated multiprocessor systen design, programming, and implementation [J/OL]. IEEE Transactions on Computer-Aided Design of Integrated Circuits and Systems, 2008, 27 (3): 542-555. https://doi.org/10.1109/TCAD.2007.911337.

[ 14 ] TAN Y, DING K. A survey on GPU-based implementation of swarm intelligence algorithms [J/OL]. IEEE Transactions on Cybernetics, 2016, 46 (9): 2028-2041. https://doi.org/10.1109/TCYB.2015.2460261.

[ 15 ] LEE K H, LEE Y J, CHOI H, et al. Parallel data processing with MapReduce: a survey [J]. SIGMOD Rec. , 2011, 40 (4): 11-20.

[ 16 ] TAN K C, YANG Y J, GOH C K. A distributed cooperative coevolutionary algorithm for multiobjective optimization [J/OL]. IEEE Transactions on Evolutionary Computation, 2006, 10 (5): 527 – 549. https://doi.org/10.1109/TEVC.2005.860762.

[ 17 ] JIA Y, CHEN W, GU T, et al. Distributed cooperative co-evolution with adaptive computing resource allocation for large scale optimization [J/OL]. IEEE Transactions on Evolutionary Computation, 2019, 23 (2): 188-202. https://doi.org/10.1109/TEVC.2018.2817889.

[ 18 ] ZHAN Z H, ZHANG J, LIN Y, et al. Matrix-based evolutionary computation [J]. IEEE Transactions on Emerging Topics in Computational Intelligence, 2021: 1-14.

[ 19 ] STARZYŃSKI J, SZMURŁO R, KIJANOWSKI J, et al. Distributed evolutionary algorithm for optimization in electromagnetics [J]. IEEE Transactions on Magnetics, 2006, 42 (4): 1243-1246.

[ 20 ] SONG A, CHEN W N, GU T, et al. Distributed virtual network embedding system with historical archives and set-based particle swarm optimization [J/OL]. IEEE Transactions on Systems, Man, and Cybernetics: Systems, 2021, 51 (2): 927-942. https://doi.org/10.1109/TSMC.2018.2884523.

[ 21 ] QIU W J, HU X M, SONG A, et al. A scalable parallel coevolutionary algorithm with overlapping cooperation for large-scale network-based combinatorial optimization [J/OL]. IEEE Transactions on Systems, Man, and Cybernetics: Systems, 2024: 1-13. https://doi.org/10.1109/TSMC.2024.3389751.

[ 22 ] SHI W, CAO J, ZHANG Q, et al. Edge computing: vision and challenges [J/OL]. IEEE Internet of

Things Journal, 2016, 3 (5): 637-646. https://doi. org/10. 1109/JIOT. 2016. 2579198.

[23] SADIKU M N O, MUSA S M. Cloud computing: opportunities and challenges [J]. IEEE Potentials, 2014, 33 (1): 34-36.

[24] DORRI A, KANHERE S S, JURDAK R. Multi-agent systems: a survey [J/OL]. IEEE Access, 2018, 6: 28573-28593. https://doi. org/10. 1109/ACCESS. 2018. 2831228.

[25] XU J, JIN Y, DU W. A federated data-driven evolutionary algorithm for expensive multi-/many-objective optimization [J]. Complex & Intelligent Systems, 2021, 7 (6): 3093-3109.

[26] LIU Q, YAN Y, LIGETI P, et al. A secure federated data-driven evolutionary multi-objective optimization algorithm [J]. IEEE Transactions on Emerging Topics in Computational Intelligence, 2024, 8 (1): 191-205.

[27] XU J, JIN Y, DU W, et al. A federated data-driven evolutionary algorithm [J]. Knowledge-Based Systems, 2021, 233: 107532.

[28] GUO X Q, WEI F F, ZHANG J, et al. A classifier-ensemble-based surrogate-assisted evolutionary algorithm for distributed data-driven optimization [J/OL]. IEEE Transactions on Evolutionary Computation, 2024. https://doi. org/10. 1109/TEVC. 2024. 3361000.

[29] WEI F F, CHEN W N, GUO X Q, et al. CrowdEC: crowdsourcing-based evolutionary computation for distributed optimization [J/OL]. IEEE Transactions on Services Computing, 2024: 1 - 14. https://ieeexplore. ieee. org/document/10618890/.

[30] HOLLAND J H. Outline for a logical theory of adaptive systems [J/OL]. Journal of the ACM, 1962, 9 (3): 297-314. https://doi. org/10. 1145/321127. 321128.

[31] HOLLAND J H. Genetic algorithms [J]. Scientific American, 1992, 267 (1): 66-73.

[32] RECHENBERG I. Cybernetic solution path of an experimental problem [R]. Hampshire: Royal Aircraft Estabishment, 1965.

[33] KOZA J R. Genetic programming: a paradigm for genetically breeding populations of computer programs to solve problems: volume 34 [M]. Stanford: Stanford University, Department of Computer Science, 1990.

[34] KOZA J. On the programming of computers by means of natural selection [M]. Cambridge: MIT Press, 1992.

[35] KOZA J R. Genetic programming as a means for programming computers by natural selection [J/OL]. Statistics and Computing, 1994, 4 (2): 87-112. https://doi. org/10. 1007/BF00175355.

[36] FOGEL L J. Intelligence through simulated evolution: forty years of evolutionary programming [M]. New York: John Wiley & Sons, Inc. , 1999.

[37] FOGEL L J. Artificial intelligence through simulated evolution [M]. New Jersey: Wiley-IEEE Press, 1998.

[38] STORN R. On the usage of differential evolution for function optimization [C/OL] //Proceedings of North American Fuzzy Information Processing. 1996: 519-523. https://doi. org/10. 1109/NAFIPS. 1996. 534789.

［39］ STORN R, PRICE K. Differential evolution—a simple and efficient heuristic for global optimization over continuous spaces ［J/OL］. Journal of Global Optimization, 1997, 11 （4）: 341-359. https: //doi. org/ 10. 1023/A: 1008202821328.

［40］ BALUJA S. Population-based incremental learning: a method for integrating genetic search based function optimization and competitive learning ［R］. Pittsburgh, Pennsylvania: School of Computer Science, Carnegie Mellon University, 1994.

［41］ MÜHLENBEIN H, PAAB G. From recombination of genes to the estimation of distributions I. binary parameters ［J/OL］. Lecture Notes in Computer Science, 1996, 1141: 178-187. https: //link. springer. com/chapter/10. 1007/3-540-61723-x_982.

［42］ EBERHART R, KENNEDY J. A new optimizer using particle swarm theory ［C］ //MHS'95. Proceedings of the Sixth International Symposium on Micro Machine and Human Science. New York: IEEE, 1995: 39-43.

［43］ KENNEDY J, EBERHART R. Particle swarm optimization ［C］ //Proceedings of ICNN'95—International Conference on Neural Networks. New York: IEEE, 1995, 4: 1942-1948.

［44］ COLORNI A, DORIGO M, MANIEZZO V. Distributed optimization by ant colonies ［J］. Proceedings of 1st European Conference on Artificial Life, 1991: 134-142.

［45］ DORIGO M. Optimization, learning and natural algorithms ［D］. Milano: Politecnico Di Milano, 1992.

［46］ DORIGO M, GAMBARDELLA L M. Ant colony system: a cooperative learning approach to the traveling salesman problem ［J/OL］. IEEE Transactions on Evolutionary Computation, 1997, 1 （1）: 53-66. https: //doi. org/10. 1109/4235. 585892.

［47］ HOLLAND J H. Adaptation in natural and artificial systems ［M］. Ann Arbor: The University of Michigan Press, 1975.

［48］ GOLDBERG D E. Genetic algorithms in search, optimization and machine learning ［M］. New York: Addison-Wesley Longman Publishing Co. , Inc. 1989.

［49］ JANIKOW C Z, MICHALEWICZ Z. An experimental comparison of binary and floating point representations in genetic algorithms. ［C］ //ICGA. 1991: 31-36.

［50］ DE JONG K A. An analysis of the behavior of a class of genetic adaptive systems ［M］. Ann Arbor: University of Michigan Press, 1975.

［51］ MILLER B L, GOLDBERG D E. Genetic algorithms, tournament selection, and the effects of noise ［J］. Complex Systems, 1995, 9 （3）: 193-212.

［52］ BAECK T. Selective pressure in evolutionary algorithms: a characterization of selection mechanisms ［J/OL］. IEEE Conference on Evolutionary Computation—Proceedings, 1994, 1: 57-62. https: //doi. org/10. 1109/ ICEC. 1994. 350042.

［53］ SRINIVAS M, PATNAIK L M. Adaptive probabilities of crossover genetic in mutation and algorithms ［J］.

IEEE Transactions on Systems, Man And Cybernetics, 1994, 24 (4): 656-667.

［54］ CAVICCHIO D J. Reproductive adaptive plans ［C］ //Proceedings of the ACM Annual Conference-volume 1. 1972: 60-70.

［55］ GOLDBERG D E, LINGLE R. Alleles, Loci and the traveling salesman problem ［C］ //Proceedings of First International Conference on Genetic Algorithms. Lawrence Erlbaum Associates, New Jersey. 1985: 154-159.

［56］ SYSWERDA G. Uniform crossover in genetic algorithms ［C］ //ICGA. 1989.

［57］ MICHALEWICZ Z. Genetic algorithms+ data structures= evolution programs ［M］. New York: Springer Science & Business Media, 2013.

［58］ MICHALEWICZ Z, JANIKOW C Z, KRAWCZYK J B. A modified genetic algorithm for optimal control problems ［J］. Computers & Mathematics with Applications, 1992, 23 (12): 83-94.

［59］ RECHENBERG I. Evolutionsstrategie: optimierung technischer Systeme nach Prinzipien der biologischen evolution ［M］. Stuttgart: Fromman-Holzboog, 1973.

［60］ HANSEN N. The CMA evolution strategy: a comparing review ［M］//Towards a new evolutionary computation: advances in the estimation of distribution algorithms. Berlin: Springer, 2006: 75-102.

［61］ HANSEN N, MÜLLER S D, KOUMOUTSAKOS P. Reducing the time complexity of the derandomized evolution strategy with covariance matrix adaptation (CMA-ES) ［J］. Evolutionary Computation, 2003, 11 (1): 1-18.

［62］ BUNDAY B D, GARSIDE G R. Optimisation methods in Pascal ［M］. London: Edword Arnold Publisher, 1987.

［63］ SUGANTHAN P N. Particle swarm optimiser with neighbourhood operator ［C/OL］ //Proceedings of the 1999 Congress on Evolutionary Computation—CEC99 (Cat. No. 99TH8406). 1999, 3: 1958-1962. https://doi. org/10. 1109/CEC. 1999. 785514.

［64］ HU X, EBERHART R. Multiobjective optimization using dynamic neighborhood particle swarm optimization ［C/OL］ //Proceedings of the 2002 Congress on Evolutionary Computation. CEC'02 (Cat. No. 02TH8600). 2002, 2: 1677-1681. https://doi. org/10. 1109/CEC. 2002. 1004494.

［65］ LIANG J J, SUGANTHAN P N. Dynamic multi-swarm particle swarm optimizer ［C/OL］ //Proceedings 2005 IEEE Swarm Intelligence Symposium. 2005: 124-129. https://doi. org/10. 1109/SIS. 2005. 1501611.

［66］ KENNEDY J. Stereotyping: improving particle swarm performance with cluster analysis ［C/OL］ //Proceedings of the 2000 Congress on Evolutionary Computation. CEC00 (Cat. No. 00TH8512). 2000, 2: 1507-1512. https://doi. org/10. 1109/CEC. 2000. 870832.

［67］ SHI Y, EBERHART R. A modified particle swarm optimizer ［C］ //1998 IEEE International Conference on Evolutionary Computation Proceedings. IEEE World Congress on Computational Intelligence (Cat. No. 98TH8360) . New York: IEEE, 1998: 69-73.

[ 68 ] SHI Y, EBERHART R C. Empirical study of particle swarm optimization [C] //Proceedings of the 1999 Congress on Evolutionary Computation-CEC99 (Cat. No. 99TH8406). New York: IEEE, 1999, 3: 1945–1950.

[ 69 ] BULLNHEIMER B. A new rank based version of the ant system: a computational study [J]. Central Eur. J. Oper. Res. Econ. , 1999, 7: 25–38.

[ 70 ] STÜTZLE T, HOOS H H. MAX-MIN ant system [J]. Future Generation Computer Systems, 2000, 16 (8): 889–914.

[ 71 ] MANIEZZO V. Exact and approximate nondeterministic tree-search procedures for the quadratic assignment problem [J]. INFORMS Journal on Computing, 1999, 11 (4): 358–369.

[ 72 ] MANIEZZO V, CARBONARO A. An ants heuristic for the frequency assignment problem [J]. Future Generation Computer Systems, 2000, 16 (8): 927–935.

[ 73 ] BLUM C, DORIGO M. The hyper-cube framework for ant colony optimization [J]. IEEE Transactions on Systems, Man, and Cybernetics, Part B (Cybernetics), 2004, 34 (2): 1161–1172.

[ 74 ] LIN Y, CAI H, XIAO J, et al. Pseudo parallel ant colony optimization for continuous functions [C] // Third International Conference on Natural Computation (ICNC 2007). New York: IEEE, 2007, 4: 494–500.

[ 75 ] MATHUR M, KARALE S B, PRIYE S, et al. Ant colony approach to continuous function optimization [J]. Industrial & Engineering Chemistry Research, 2000, 39 (10): 3814–3822.

[ 76 ] ZHANG J, CHEN W N, TAN X. An orthogonal search embedded ant colony optimization approach to continuous function optimization [C] //Ant Colony Optimization and Swarm Intelligence: 5th International Workshop, ANTS 2006, Brussels, Belgium, September 4 – 7, 2006. Proceedings 5. Berlin: Springer, 2006: 372–379.

[ 77 ] ZHANG J, CHEN W N, ZHONG J H, et al. Continuous function optimization using hybrid ant colony approach with orthogonal design scheme [C] //Simulated Evolution and Learning: 6th International Conference, SEAL 2006, Hefei, China, October 15 – 18, 2006. Proceedings 6. Berlin: Springer, 2006: 126–133.

[ 78 ] HU X M, ZHANG J, LI Y. Orthogonal methods based ant colony search for solving continuous optimization problems [J]. Journal of Computer Science and Technology, 2008, 23 (1): 2–18.

[ 79 ] DORIGO M, MANIEZZO V, COLORNI A. Ant system: optimization by a colony of cooperating agents [J/OL]. IEEE Transactions on Systems, Man, and Cybernetics, Part B (Cybernetics), 1996, 26 (1): 29–41. https://doi. org/10. 1109/3477. 484436.

[ 80 ] ZHAN Z H, SHI L, TAN K C, et al. A survey on evolutionary computation for complex continuous optimization [J/OL]. Artificial Intelligence Review, 2022, 55 (1): 59–110. https://doi. org/10. 1007/s10462–021–10042–y.

[ 81 ] ZHOU A, QU B Y, LI H, et al. Multiobjective evolutionary algorithms: a survey of the state of the art [ J/OL]. Swarm and Evolutionary Computation, 2011, 1 (1): 32－49. https://doi. org/https://doi. org/10. 1016/j. swevo. 2011. 03. 001.

[ 82 ] DEB K, PRATAP A, AGARWAL S, et al. A fast and elitist multiobjective genetic algorithm: NSGA-II [J]. IEEE Transactions on Evolutionary Computation, 2002, 6 (2): 182－197.

[ 83 ] TIAN Y, WANG H, ZHANG X, et al. Effectiveness and efficiency of non-dominated sorting for evolutionary multi- and many-objective optimization [ J/OL]. Complex & Intelligent Systems, 2017, 3 (4): 247－263. https://doi. org/10. 1007/s40747－017－0057－5.

[ 84 ] TIAN Y, CHENG R, ZHANG X, et al. A strengthened dominance relation considering convergence and diversity for evolutionary many-objective optimization [ J/OL]. IEEE Transactions on Evolutionary Computation, 2019, 23 (2): 331－345. https://doi. org/10. 1109/TEVC. 2018. 2866854.

[ 85 ] YANG S, LI M, LIU X, et al. A grid-based evolutionary algorithm for many-objective optimization [ J/OL]. IEEE Transactions on Evolutionary Computation, 2013, 17 (5): 721－736. https://doi. org/10. 1109/TEVC. 2012. 2227145.

[ 86 ] YUAN Y, XU H, WANG B, et al. A new dominance relation-based evolutionary algorithm for many-objective optimization [ J/OL]. IEEE Transactions on Evolutionary Computation, 2016, 20 (1): 16－37. https://doi. org/10. 1109/TEVC. 2015. 2420112.

[ 87 ] ZHANG Q, LI H. MOEA/D: a multiobjective evolutionary algorithm based on decomposition [ J]. IEEE Transactions on Evolutionary Computation, 2007 (6): 712－731.

[ 88 ] TRIVEDI A, SRINIVASAN D, SANYAL K, et al. A survey of multiobjective evolutionary algorithms based on decomposition [ J/OL]. IEEE Transactions on Evolutionary Computation, 2017, 21 (3): 440－462. https://doi. org/10. 1109/TEVC. 2016. 2608507.

[ 89 ] FALCÓN-CARDONA J G, COELLO C A C. Indicator-based multi-objective evolutionary algorithms: a comprehensive survey [ J/OL]. ACM Comput. Surv. , 2020, 53 (2): 1－35. https://doi. org/10. 1145/3376916.

[ 90 ] FALCÓN-CARDONA J G, COELLO C A C, Emmerich M. CRI-EMOA: a Pareto-front shape invariant evolutionary multi-objective algorithm [ C ] // International Conference on Evolutionary Multicriterion Optimization, 2019.

[ 91 ] EMMERICH N M. SMS-EMOA: multiobjective selection based on dominated hypervolume [ J]. European Journal of Operational Research, 2007, 181 (3): 1653－1669.

[ 92 ] LI Z Y, HUANG T, CHEN S M, et al. Overview of constrained optimization evolutionary algorithms [ J/OL]. Ruan Jian Xue Bao/Journal of Software, 2017, 28 (6): 1529－1546. https://doi. org/10. 13328/j. cnki. jos. 005259.

[ 93 ] HOFFMEISTER F, SPRAVE J. Problem-independent handling of constraints by use of metric penalty

functions [J]. Evolutionary Programming, 1996.

[94] JOINES J A, HOUCK C R. On the use of non-stationary penalty functions to solve nonlinear constrained optimization problems with GA's [J/OL]. IEEE Conference on Evolutionary Computation—Proceedings, 1994 (2/-): 579-584. https://doi.org/10.1109/icec.1994.349995.

[95] ZHENG S F, HU S L, LAI X W, et al. Searching for agent coalition using particle swarm optimization and death penalty function [C] //Proceedings of the 3rd International Conference on Advanced Intelligent Computing Theories and Applications. Berlin, Heidelberg: Springer-Verlag, 2007: 196-207.

[96] RASHEED K. An adaptive penalty approach for constrained genetic-algorithm optimization [J]. Architecture, 1998.

[97] DEB K. An efficient constraint handling method for genetic algorithms [J/OL]. Computer Methods in Applied Mechanics and Engineering, 2000, 186 (2-4): 311-338. https://doi.org/10.1177/0305829815620047.

[98] TAKAHAMA T, SAKAI S. Constrained optimization by the ε constrained differential evolution with gradient-based mutation and feasible elites [J/OL]. 2006 IEEE Congress on Evolutionary Computation, CEC 2006, 2006: 1-8. https://doi.org/10.1109/cec.2006.1688283.

[99] SURRY P D, RADCLIFFE N J. The COMOGA method: constrained optimisation by multi-objective genetic algorithms [J]. Control and Cybernetics, 1997, 26 (3): 391-412.

[100] WANG Y, CAI Z, GUO G, et al. Multiobjective optimization and hybrid evolutionary algorithm to solve constrained optimization problems [J/OL]. IEEE Transactions on Systems, Man, and Cybernetics, Part B: Cybernetics, 2007, 37 (3): 560-575. https://doi.org/10.1109/TSMCB.2006.886164.

[101] COELLO C A C. Treating constraints as objectives for single-objective evolutionary optimization [J/OL]. Engineering Optimization, 2000, 32 (3): 275-308. https://doi.org/10.1080/03052150008941301.

[102] SÖRENSEN K, GLOVER F. Metaheuristics [J]. Encyclopedia of Operations Research and Management Science, 2013, 62: 960-970.

[103] WAKASA Y, NAKAYA S. Distributed particle swarm optimization using an average consensus algorithm [C] // Proceedings of the IEEE 54th Annual Conference on Decision and Control, 2015: 2661-2666.

[104] LI G, ZHANG Q, LIN Q, et al. A three-level radial basis function method for expensive optimization [J/OL]. IEEE Transactions on Cybernetics, 2022, 52 (7): 5720-5731. https://doi.org/10.1109/TCYB.2021.3061420.

[105] SONG Z, WANG H, HE C, et al. A kriging-assisted two-archive evolutionary algorithm for expensive many-objective optimization [J/OL]. IEEE Transactions on Evolutionary Computation, 2021, 25 (6): 1013-1027. https://doi.org/10.1109/TEVC.2021.3073648.

[106] CHUGH T, JIN Y, MIETTINEN K, et al. A surrogate-assisted reference vector guided evolutionary algorithm for computationally expensive many-objective optimization [J/OL]. IEEE Transactions on Evolutionary Computation, 2018, 22 (1): 129-142. https://doi.org/10.1109/TEVC.2016.2622301.

［107］ SHI R, LIU L, LONG T, et al. Multidisciplinary modeling and surrogate assisted optimization for satellite constellation systems ［J/OL］. Structural and Multidisciplinary Optimization, 2018, 58（5）: 2173-2188. https://doi. org/10. 1007/s00158-018-2032-1.

［108］ WEI F F, CHEN W N, YANG Q, et al. A classifier-assisted level-based learning swarm optimizer for expensive optimization ［J/OL］. IEEE Transactions on Evolutionary Computation: A Publication of the IEEE Neural Networks Council , 2021, 25（2）: 219-233. https://doi. org/10. 1109/TEVC. 2020. 3017865.

［109］ WANG H, JIN Y, DOHERTY J. Committee-based active learning for surrogate-assisted particle swarm optimization of expensive problems ［J/OL］. IEEE Transactions on Cybernetics, 2017, 47（9）: 2664-2677. https://doi. org/10. 1109/TCYB. 2017. 2710978.

［110］ WANG H, JIN Y, SUN C, et al. Offline data-driven evolutionary optimization using selective surrogate ensembles ［J/OL］. IEEE Transactions on Evolutionary Computation, 2019, 23（2）: 203-216. https://doi. org/10. 1109/TEVC. 2018. 2834881.

［111］ HSIEH S T, SUN T Y, LIU C C, et al. Solving large scale global optimization using improved particle swarm optimizer ［C/OL］ //2008 IEEE Congress on Evolutionary Computation（IEEE World Congress on Computational Intelligence）. 2008: 1777-1784. https://doi. org/10. 1109/CEC. 2008. 4631030.

［112］ CHENG S, ZHAN H, YAO H, et al. Large-scale many-objective particle swarm optimizer with fast convergence based on Alpha-stable mutation and Logistic function ［J］. Applied Soft Computing, 2021, 99: 106947.

［113］ YANG Q, CHEN W N, DENG J D, et al. A level-based learning swarm optimizer for large-scale optimization ［J/OL］. IEEE Transactions on Evolutionary Computation, 2018, 22（4）: 578-594. https://doi. org/10. 1109/TEVC. 2017. 2743016.

［114］ BREST J, MAUČEC M S. Self-adaptive differential evolution algorithm using population size reduction and three strategies ［J］. Soft Computing, 2011, 15（11）: 2157-2174.

［115］ CHENG R, JIN Y. A competitive swarm optimizer for large scale optimization ［J/OL］. IEEE Transactions on Cybernetics, 2015, 45（2）: 191-204. https://doi. org/10. 1109/TCYB. 2014. 2322602.

［116］ TIAN Y, LIU R, ZHANG X, et al. A multipopulation evolutionary algorithm for solving large-scale multimodal multiobjective optimization problems ［J］. IEEE Transactions on Evolutionary Computation, 2020, 25（3）: 405-418.

［117］ TAN K C, FENG L, JIANG M. Evolutionary transfer optimization—a new frontier in evolutionary computation research ［J/OL］. IEEE Computational Intelligence Magazine, 2021, 16（1）: 22-33. https://doi. org/10. 1109/MCI. 2020. 3039066.

［118］ POTTER M A, DE JONG K A. A cooperative coevolutionary approach to function optimization ［C］ // International Conference on Parallel Problem Solving from Nature. Berlin: Springer, 1994: 249-257.

[119] MA X, LI X, ZHANG Q, et al. A survey on cooperative co-evolutionary algorithms [J]. IEEE Transactions on Evolutionary Computation, 2018, 23 (3): 421-441.

[120] HU X M, HE F L, CHEN W N, et al. Cooperation coevolution with fast interdependency identification for large scale optimization [J]. Information Sciences, 2017, 381: 142-160.

[121] OMIDVAR M N, LI X, YANG Z, et al. Cooperative co-evolution for large scale optimization through more frequent random grouping [C] //IEEE Congress on Evolutionary Computation. New York: IEEE, 2010: 1-8.

[122] ZHONG R, ZHANG E, MUNETOMO M. Cooperative coevolutionary surrogate ensemble-assisted differential evolution with efficient dual differential grouping for large-scale expensive optimization problems [J]. Complex & Intelligent Systems, 2024, 10 (2): 2129-2149.

[123] YAZDANI D, CHENG R, et al. A survey of evolutionary continuous dynamic optimization over two decades—part A [J/OL]. IEEE Transactions on Evolutionary Computation, 2021, 25 (4): 609-629. https://doi.org/10.1109/TEVC.2021.3060014.

[124] YAZDANI D. Particle swarm optimization for dynamically changing environments with particular focus on scalability and switching cost [M]. Liverpool: Liverpool John Moores University , 2018.

[125] BRANKE J. Memory enhanced evolutionary algorithms for changing optimization problems [C] // Proceedings of the 1999 Congress on Evolutionary Computation-CEC99 (Cat. No. 99TH8406). New York: IEEE, 1999, 3: 1875-1882.

[126] BRANKE J, SCHMECK H. Designing evolutionary algorithms for dynamic optimization problems [J]. Advances in Evolutionary Computing: Theory and Applications, 2003: 239-262.

[127] NASIRI B, MEYBODI M R. History-driven firefly algorithm for optimisation in dynamic and uncertain environments [J]. International Journal of Bio-Inspired Computation, 2016, 8 (5): 326-339.

[128] NGUYEN T T, YAO X. Continuous dynamic constrained optimization—The challenges [J]. IEEE Transactions on Evolutionary Computation, 2012, 16 (6): 769-786.

[129] BREST J, ZAMUDA A, BOSKOVIC B, et al. Dynamic optimization using self-adaptive differential evolution [C] //2009 IEEE Congress on Evolutionary Computation. New York: IEEE, 2009: 415-422.

[130] HALDER U, MAITY D, DASGUPTA P, et al. Self-adaptive cluster-based differential evolution with an external archive for dynamic optimization problems [C] //Swarm, Evolutionary, and Memetic Computing: Second International Conference, SEMCCO 2011, Visakhapatnam, Andhra Pradesh, India, December 19-21, 2011, Proceedings, Part I 2. Berlin: Springer, 2011: 19-26.

[131] MAVROVOUNIOTIS M, NERI F, YANG S. An adaptive local search algorithm for real-valued dynamic optimization [C] //2015 IEEE Congress on Evolutionary Computation (CEC). New York: IEEE, 2015: 1388-1395.

[132] WU W, XIE D, LIU L. Heterogeneous differential evolution with memory enhanced Brownian and quantum

individuals for dynamic optimization problems [J]. International Journal of Pattern Recognition and Artificial Intelligence, 2018, 32 (2): 1859003.

[133] WOLDESENBET Y G, YEN G G. Dynamic evolutionary algorithm with variable relocation [J]. IEEE Transactions on Evolutionary Computation, 2009, 13 (3): 500-513.

[134] NAKANO H, KOJIMA M, MIYAUCHI A. An artificial bee colony algorithm with a memory scheme for dynamic optimization problems [C] //2015 IEEE Congress on Evolutionary Computation. New York: IEEE, 2015: 2657-2663.

[135] ZHU T, LUO W, YUE L. Combining multipopulation evolutionary algorithms with memory for dynamic optimization problems [C] //2014 IEEE Congress on Evolutionary Computation. New York: IEEE, 2014: 2047-2054.

[136] THOMSEN R. Multimodal optimization using crowding-based differential evolution [C] //Proceedings of the 2004 Congress on Evolutionary Computation (IEEE Cat. No. 04TH8753). New York: IEEE, 2004, 2: 1382-1389.

[137] SHEN D, LUO S. Crowding-based differential evolution with self-adaptive control parameters for dynamic environments [C/OL] //2018 14th International Conference on Natural Computation, Fuzzy Systems and Knowledge Discovery (ICNC-FSKD). 2018: 71-76. https://doi.org/10.1109/FSKD.2018.8687265.

[138] BLACKWELL T, BRANKE J. Multi-swarm optimization in dynamic environments [C] //Workshops on Applications of Evolutionary Computation. Berlin: Springer, 2004: 489-500.

[139] WANG J J., WANG L. A bi-population cooperative memetic algorithm for distributed hybrid flow-shop scheduling [J/OL]. IEEE Transactions on Emerging Topics in Computational Intelligence, 2021, 5 (6): 947-961. https://doi.org/10.1109/TETCI.2020.3022372.

[140] NGUYEN T T, YANG S, BRANKE J. Evolutionary dynamic optimization: a survey of the state of the art [J]. Swarm and Evolutionary Computation, 2012, 6: 1-24.

[141] LI C, YANG S. A general framework of multipopulation methods with clustering in undetectable dynamic environments [J/OL]. IEEE Transactions on Evolutionary Computation, 2012, 16 (4): 556-577. https://doi.org/10.1109/TEVC.2011.2169966.

[142] GUPTA A, ONG Y S, FENG L. Insights on transfer optimization: because experience is the best teacher [J/OL]. IEEE Transactions on Emerging Topics in Computational Intelligence, 2018, 2 (1): 51-63. https://doi.org/10.1109/TETCI.2017.2769104.

[143] ONG Y S, GUPTA A. Evolutionary multitasking: a computer science view of cognitive multitasking [J/OL]. Cognitive Computation, 2016, 8 (2). https://doi.org/10.1007/s12559-016-9395-7.

[144] GUPTA A, ONG Y S, FENG L. Multifactorial evolution: toward evolutionary multitasking [J/OL]. IEEE Trans. Evol. Comput., 2016, 20 (3): 343-357. https://doi.org/10.1109/TEVC.2015.2458037.

[145] CHEN Y, ZHONG J, FENG L, et al. An adaptive archive-based evolutionary framework for many-task

optimization [J/OL]. IEEE Trans. Emerging Top. Comput. Intell. , 2020, 4（3）：369-384. https：// doi. org/10. 1109/TETCI. 2019. 2916051.

[146] HUANG S, ZHONG J, YU W J. Surrogate-assisted evolutionary framework with adaptive knowledge transfer for multi-task optimization [J/OL]. IEEE Transactions on Emerging Topics in Computing, 2021, 9（4）：1930-1944. https：//doi. org/10. 1109/TETC. 2019. 2945775.

[147] WEI T, ZHONG J. A preliminary study of knowledge transfer in multi-classification using gene expression programming [J/OL]. Frontiers in Neuroscience, 2020, 13. https：//doi. org/10. 3389/fnins. 2019. 01396.

[148] GONG M, TANG Z, LI H, et al. Evolutionary multitasking with dynamic resource allocating strategy [J/OL]. IEEE Transactions on Evolutionary Computation, 2019, 23（5）：858-869. https：//doi. org/ 10. 1109/TEVC. 2019. 2893614.

[149] CHEN Y, ZHONG J, TAN M. A fast memetic multi-objective differential evolution for multi-tasking optimization [C/OL] //2018 IEEE Congress on Evolutionary Computation, CEC 2018—Proceedings. https：// doi. org/10. 1109/CEC. 2018. 8477722.

[150] LIU D, HUANG S, ZHONG J. Surrogate-assisted multi-tasking memetic algorithm [C/OL] //2018 IEEE Congress on Evolutionary Computation, CEC 2018—Proceedings. https：//doi. org/10. 1109/CEC. 2018. 8477830.

[151] GONG Y J, CHEN W N, Zhan Z H, et al. Distributed evolutionary algorithms and their models：a survey of the state-of-the-art [J]. Applied Soft Computing, 2015, 34：286-300.

[152] QIN J, FU W, GAO H, et al. Distributed $k$ -means algorithm and fuzzy $c$ -means algorithm for sensor networks based on multiagent consensus theory [J/OL]. IEEE Transactions on Cybernetics, 2017, 47（3）：772-783. https：//doi. org/10. 1109/TCYB. 2016. 2526683.

[153] DE RAINVILLE F M, FORTIN F A, GARDNER M A, et al. Deap：a python framework for evolutionary algorithms [C] //Proceedings of the 14th Annual Conference Companion on Genetic and Evolutionary Computation. 2012：85-92.

[154] HUANG B, CHENG R, LI Z, et al. EvoX：a distributed GPU-accelerated framework for scalable evolutionary computation [J/OL]. IEEE Transactions on Evolutionary Computation, 2024：1. https：// doi. org/10. 1109/TEVC. 2024. 3388550.

[155] 樊昌信, 张甫翊, 徐炳祥, 等. 通信原理 [M]. 5 版. 北京：国防工业出版社, 2001.

[156] SAID S M, NAKAMURA M. Asynchronous strategy of parallel hybrid approach of GA and EDA for function optimization [C/OL] //2012 Third International Conference on Networking and Computing. 2012：420-428. https：//doi. org/10. 1109/ICNC. 2012. 80.

[157] YU W, ZHANG W. Study on function optimization based on master-slave structure genetic algorithm [C/OL] //2006 8th international Conference on Signal Processing. 2006：1. https：//doi. org/10. 1109/ ICOSP. 2006. 345926.

[158] ROY G, LEE H, WELCH J L, et al. A distributed pool architecture for genetic algorithms [C/OL] //

2009 IEEE Congress on Evolutionary Computation. 2009: 1177 – 1184. https://doi. org/10. 1109/ CEC. 2009. 4983079.

[159] YANG Q, CHEN W N, GU T, et al. A distributed swarm optimizer with adaptive communication for large-scale optimization [J/OL]. IEEE Transactions on Cybernetics, 2020, 50 (7): 3393 – 3408. https:// doi. org/10. 1109/TCYB. 2019. 2904543.

[160] LIU R, LI J, FAN J, et al. A coevolutionary technique based on multi-swarm particle swarm optimization for dynamic multi-objective optimization [J/OL]. European Journal of Operational Research, 2017, 261 (3): 1028–1051. https://doi. org/https://doi. org/10. 1016/j. ejor. 2017. 03. 048.

[161] CHENG M Y, GUPTA A, ONG Y S, et al. Coevolutionary multitasking for concurrent global optimization: with case studies in complex engineering design [J/OL]. Engineering Applications of Artificial Intelligence, 2017, 64: 13–24. https://doi. org/https://doi. org/10. 1016/j. engappai. 2017. 05. 008.

[162] XU P, LUO W, LIN X, et al. Difficulty and contribution-based cooperative coevolution for large-scale optimization [J/OL]. IEEE Transactions on Evolutionary Computation, 2023, 27 (5): 1355–1369. https: //doi. org/10. 1109/TEVC. 2022. 3201691.

[163] SILVEIRA L A DA, SONCCO-ALVAREZ J L, LIMA T A DE, et al. Heterogeneous parallel island models [C/OL] //2021 IEEE Symposium Series on Computational Intelligence (SSCI). 2021: 1–8. https:// doi. org/10. 1109/SSCI50451. 2021. 9659938.

[164] SCHÖNFISCH B, DE ROOS A. Synchronous and asynchronous updating in cellular automata [J/OL]. Biosystems, 1999, 51 (3): 123 – 143. https://doi. org/https://doi. org/10. 1016/ S0303 – 2647 (99) 00025–8.

[165] NAKASHIMA T, ARIYAMA T, YOSHIDA T, et al. Performance evaluation of combined cellular genetic algorithms for function optimization problems [C/OL] //Proceedings of 2003 IEEE International Symposium on Computational Intelligence in Robotics and Automation. Computational Intelligence in Robotics and Automation for the New Millennium (Cat. No.03EX694): 2003, 1: 295–299 . https:// doi. org/10. 1109/CIRA. 2003. 1222105.

[166] YANAI K, IBA H. Multi-agent robot learning by means of genetic programming: solving an escape problem [C] //LIU Y, TANAKA K, IWATA M, et al. Evolvable systems: from biology to hardware. Berlin, Heidelberg: Springer Berlin Heidelberg, 2001: 192–203.

[167] SEREDYNSKI F. Loosely coupled distributed genetic algorithms [C] //DAVIDOR Y, SCHWEFEL H P, MÄNNER R. Parallel problem solving from nature—PPSN III. Berlin, Heidelberg: Springer Berlin Heidelberg, 1994: 514–523.

[168] GONG Y J, CHEN W N, ZHAN Z H, et al. Distributed evolutionary algorithms and their models: a survey of the state-of-the-art [J/OL]. Applied Soft Computing, 2015, 34: 286–300. https://doi. org/https:// doi. org/10. 1016/j. asoc. 2015. 04. 061.

[169] ZHAN Z H, ZHANG J, LIN Y, et al. Matrix-based evolutionary computation [J/OL]. IEEE Transactions on Emerging Topics in Computational Intelligence, 2022, 6 (2): 315-328. https://doi.org/10.1109/TETCI.2020.3047410.

[170] DUBREUIL M, GAGNE C, PARIZEAU M. Analysis of a master-slave architecture for distributed evolutionary computations [J/OL]. IEEE Transactions on Systems, Man, and Cybernetics, Part B (Cybernetics), 2006, 36 (1): 229-235. https://doi.org/10.1109/TSMCB.2005.856724.

[171] XU L, ZHANG F. Parallel particle swarm optimization for attribute reduction [C/OL] //Eighth ACIS International Conference on Software Engineering, Artificial Intelligence, Networking, and Parallel/Distributed Computing (SNPD 2007). 2007, 1: 770-775. https://doi.org/10.1109/SNPD.2007.224.

[172] YANG B, CHEN Y, ZHAO Z, et al. A master-slave particle swarm optimization algorithm for solving constrained optimization problems [C/OL] //2006 6th World Congress on Intelligent Control and Automation. 2006, 1: 3208-3212. https://doi.org/10.1109/WCICA.2006.1712959.

[173] DEPOLLI M, TROBEC R, FILIPIČ B. Asynchronous master-slave parallelization of differential evolution for multi-objective optimization [J/OL]. Evolutionary Computation, 2013, 21 (2): 261-291. https://doi.org/10.1162/EVCO_a_00076.

[174] CARRIERO N, GELERNTER D, LEICHTER J. Distributed data structures in Linda [C/OL] //Proceedings of the 13th ACM SIGACT-SIGPLAN Symposium on Principles of Programming Languages. New York, NY, USA: Association for Computing Machinery, 1986: 236-242. https://doi.org/10.1145/512644.512666.

[175] GARCÍA-VALDEZ M, TRUJILLO L, MERELO J J, et al. The evospace model for pool-based evolutionary algorithms [J/OL]. Journal of Grid Computing, 2015, 13 (3): 329-349. https://doi.org/10.1007/s10723-014-9319-2.

[176] DAVIS M, LIU L, ELIAS J G. VLSI circuit synthesis using a parallel genetic algorithm [C/OL] //Proceedings of the First IEEE Conference on Evolutionary Computation. IEEE World Congress on Computational Intelligence. 1994, 1: 104-109. https://doi.org/10.1109/ICEC.1994.350033.

[177] ROY G, LEE H, WELCH J L, et al. A distributed pool architecture for genetic algorithms [C/OL] //2009 IEEE Congress on Evolutionary Computation. 2009: 1177-1184. https://doi.org/10.1109/CEC.2009.4983079.

[178] YANG Q, CHEN W N, GU T, et al. A distributed swarm optimizer with adaptive communication for large-scale optimization [J/OL]. IEEE Transactions on Cybernetics, 2020, 50 (7): 3393-3408. https://doi.org/10.1109/TCYB.2019.2904543.

[179] DA SILVEIRA L A, DE LIMA T A, BARROS J B de, et al. On the behavior of parallel island models [J/OL]. Applied Soft Computing, 2023, 148: 110880. https://doi.org/https://doi.org/10.1016/j.asoc.2023.110880.

[180] ISHIMIZU T, TAGAWA K. A structured differential evolution for various network topologies [J].

International Journal of Computers, Communications & Control. , 2010, 4 (1): 2–8.

[181] AL-BETAR M A, AWADALLAH M A. Island bat algorithm for optimization [J/OL]. Expert Systems with Applications, 2018, 107: 126–145. https://doi. org/https://doi. org/10. 1016/j. eswa. 2018. 04. 024.

[182] GIACOBINI M, TOMASSINI M, TETTAMANZI A G B, et al. Selection intensity in cellular evolutionary algorithms for regular lattices [J/OL]. IEEE Transactions on Evolutionary Computation, 2005, 9 (5): 489–505. https://doi. org/10. 1109/TEVC. 2005. 850298.

[183] FERNANDES C M, FACHADA N, LAREDO J L J, et al. Population sizing of cellular evolutionary algorithms [J/OL]. Swarm and Evolutionary Computation, 2020, 58: 100721. https://www. sciencedirect. com/science/article/pii/S2210650220303746.

[184] MUSZYNSKI J, VARRETTE S, DORRONSORO B, et al. Distributed cellular evolutionary algorithms in a Byzantine environment [C/OL] //2015 IEEE International Parallel and Distributed Processing Symposium Workshop. 2015: 307–313. https://doi. org/10. 1109/IPDPSW. 2015. 97.

[185] LUQUE G, ALBA E, DORRONSORO B. An asynchronous parallel implementation of a cellular genetic algorithm for combinatorial optimization [C/OL] //Proceedings of the 11th Annual Conference on Genetic and Evolutionary Computation. New York, NY, USA: Association for Computing Machinery, 2009: 1395–1402. https://doi. org/10. 1145/1569901. 1570088.

[186] QIU W J, HU X M, SONG A, et al. A scalable parallel coevolutionary algorithm with overlapping cooperation for large-scale network-based combinatorial optimization [J/OL]. IEEE Transactions on Systems, Man, and Cybernetics. Systems, 2024 54 (8 Pt. 1): 4806–4818. https://doi. org/10. 1109/TSMC. 2024. 3389751.

[187] JIA Y H, CHEN W N, GU T, et al. Distributed cooperative co-evolution with adaptive computing resource allocation for large scale optimization [J/OL]. IEEE Transactions on Evolutionary Computation, 2019, 23 (2): 188–202. https://doi. org/10. 1109/TEVC. 2018. 2817889.

[188] BUTCHER S, STRASSER S, HOOLE J, et al. Relaxing consensus in distributed factored evolutionary algorithms [C/OL] // Proceedings of the Genetic and Evolutionary Computation Conference. , 2016: 5–12. https://doi. org/10. 1145/2908812. 2908936.

[189] STRASSER S, SHEPPARD J, FORTIER N, et al. Factored evolutionary algorithms [J/OL]. IEEE Transactions on Evolutionary Computation, 2017, 21 (2): 281–293. https://doi. org/10. 1109/TEVC. 2016. 2601922.

[190] ATASHPENDAR A, DORRONSORO B, DANOY G, et al. A scalable parallel cooperative coevolutionary PSO algorithm for multi-objective optimization [J/OL]. Journal of Parallel and Distributed Computing, 2018, 112: 111–125. https://doi. org/https://doi. org/10. 1016/j. jpdc. 2017. 05. 018.

[191] POTTER M A, DE JONG K A. A cooperative coevolutionary approach to function optimization [C] // International Conference on Parallel Problem Solving from Nature. Berlin: Springer, 1994: 249–257.

［192］JIA Y H, ZHOU Y R, LIN Y, et al. A distributed cooperative co-evolutionary CMA evolution strategy for global optimization of large-scale overlapping problems ［J/OL］. IEEE Access, 2019, 7: 19821-19834. https://doi. org/10. 1109/ACCESS. 2019. 2897282.

［193］XU J, JIN Y, DU W, et al. A federated data-driven evolutionary algorithm ［J/OL］. Knowledge-Based Systems, 2021, 233: 107532. https://doi. org/https://doi. org/10. 1016/j. knosys. 2021. 107532.

［194］GUO X Q, CHEN W N, WEI F F, et al. Edge-cloud co-evolutionary algorithms for distributed data-driven optimization problems ［J］. IEEE transactions on cybernetics, 2022, 53 (10): 6598-6611.

［195］WANG H, JIN Y, SUN C, et al. Offline data-driven evolutionary optimization using selective surrogate ensembles ［J/OL］. IEEE Transactions on Evolutionary Computation, 2019, 23 (2): 203-216. https://doi. org/10. 1109/TEVC. 2018. 2834881.

［196］WEI F F, CHEN W N, LI Q, et al. Distributed and expensive evolutionary constrained optimization with on-demand evaluation ［J/OL］. IEEE Transactions on Evolutionary Computation, 2023, 27 (3): 671-685. https://doi. org/10. 1109/TEVC. 2022. 3177936.

［197］MA X, LI X, ZHANG Q, et al. A survey on cooperative co-evolutionary algorithms ［J/OL］. IEEE Transactions on Evolutionary Computation, 2019, 23 (3): 421-441. https://doi. org/10. 1109/TEVC. 2018. 2868770.

［198］STRASSER S, SHEPPARD J, FORTIER N, et al. Factored evolutionary algorithms ［J/OL］. IEEE Transactions on Evolutionary Computation, 2017, 21 (2): 281-293. https://doi. org/10. 1109/TEVC. 2016. 2601922.

［199］ZHAN Z HUI, LI J, CAO J, et al. Multiple populations for multiple objectives: a coevolutionary technique for solving multiobjective optimization problems ［J/OL］. IEEE Trans. Cybern. , 2013, 43 (2): 445-463. https://doi. org/10. 1109/TSMCB. 2012. 2209115.

［200］CHEN T Y, CHEN W N, WEI F F, et al. Multi-agent swarm optimization with adaptive internal and external learning for complex consensus-based distributed optimization ［J/OL］. IEEE Transactions on Evolutionary Computation, 2024: 1. https://doi. org/10. 1109/TEVC. 2024. 3380436.

［201］CHEN T Y, CHEN W N, GUO X Q, et al. A multiagent co-evolutionary algorithm with penalty-based objective for network-based distributed optimization ［J/OL］. IEEE Transactions on Systems, Man, and Cybernetics: Systems, 2024, 54 (7): 4358-4370. https://doi. org/10. 1109/TSMC. 2024. 3380389.

［202］TANG J, CHEN Y, DENG Z, et al. A group-based approach to improve multifactorial evolutionary algorithm ［C/OL］ //LANG J. Proceedings of the Twenty-Seventh International Joint Conference on Artificial Intelligence, IJCAI 2018, July 13-19, 2018, Stockholm, Sweden. Stockholm: ijcai. org, 2018: 3870-3876. https://doi. org/10. 24963/ijcai. 2018/538.

［203］ZHOU L, FENG L, ZHONG J, et al. A study of similarity measure between tasks for multifactorial evolutionary algorithm ［C/OL］ //AGUIRRE H E, TAKADAMA K. Proceedings of the Genetic and

Evolutionary Computation Conference Companion, GECCO 2018, Kyoto, Japan, July 15-19, 2018. New York: ACM, 2018: 229-230. https://doi.org/10.1145/3205651.3205736.

[204] GUPTA A, ONG Y S, DA B, et al. Landscape synergy in evolutionary multitasking [C/OL] //IEEE Congress on Evolutionary Computation, CEC 2016, Vancouver, BC, Canada, July 24-29, 2016. New York: IEEE, 2016: 3076-3083. https://doi.org/10.1109/CEC.2016.7744178.

[205] MIN A T W, ONG Y S, GUPTA A, et al. Multiproblem surrogates: transfer evolutionary multiobjective optimization of computationally expensive problems [J/OL]. IEEE Trans. Evol. Comput., 2019, 23 (1): 15-28. https://doi.org/10.1109/TEVC.2017.2783441.

[206] LIAW R T, TING C K. Evolutionary manytasking optimization based on symbiosis in biocoenosis [C/OL] //The Thirty-Third AAAI Conference on Artificial Intelligence, AAAI 2019. Washington: AAAI Press, 2019: 4295-4303. https://doi.org/10.1609/aaai.v33i01.33014295.

[207] SHANG Q, ZHANG L, FENG L, et al. A preliminary study of adaptive task selection in explicit evolutionary many-tasking [C/OL] //IEEE Congress on Evolutionary Computation, CEC 2019, Wellington, New Zealand, June 10-13, 2019. New York: IEEE, 2019: 2153-2159. https://doi.org/10.1109/CEC.2019.8789909.

[208] ZHONG J, LI L, LIU W, et al. A co-evolutionary Cartesian genetic programming with adaptive knowledge transfer [C/OL] //IEEE Congress on Evolutionary Computation, CEC 2019, Wellington, New Zealand, June 10-13, 2019. New York: IEEE, 2019: 2665-2672. https://doi.org/10.1109/CEC.2019.8790352.

[209] BALI K K, ONG Y S, GUPTA A, et al. Multifactorial evolutionary algorithm with online transfer parameter estimation: MFEA-II [J/OL]. IEEE Trans. Evol. Comput., 2020, 24 (1): 69-83. https://doi.org/10.1109/TEVC.2019.2906927.

[210] THANH BINH H T, QUOC TUAN N, THANH LONG D C. A multi-objective multi-factorial evolutionary algorithm with reference-point-based approach [C/OL] //2019 IEEE Congress on Evolutionary Computation (CEC). 2019: 2824-2831. https://doi.org/10.1109/CEC.2019.8790034.

[211] FENG L, ZHOU L, ZHONG J, et al. Evolutionary multitasking via explicit autoencoding [J/OL]. IEEE Trans. Cybern., 2019, 49 (9): 3457-3470. https://doi.org/10.1109/TCYB.2018.2845361.

[212] WANG X, KANG Q, ZHOU M, et al. Domain adaptation multitask optimization [J/OL]. IEEE Trans. Cybern., 2023, 53 (7): 4567-4578. https://doi.org/10.1109/TCYB.2022.3222101.

[213] DING J, YANG C, JIN Y, et al. Generalized multitasking for evolutionary optimization of expensive problems [J/OL]. IEEE Trans. Evol. Comput., 2019, 23 (1): 44-58. https://doi.org/10.1109/TEVC.2017.2785351.

[214] LIANG Z, ZHANG J, FENG L, et al. A hybrid of genetic transform and hyper-rectangle search strategies for evolutionary multi-tasking [J/OL]. Expert Syst. Appl., 2019, 138 (Dec.): 112798.1-112798.18.

https：//doi. org/10. 1016/j. eswa. 2019. 07. 015.

［215］ WU D, TAN X. Multitasking Genetic Algorithm（MTGA）for fuzzy system optimization［J/OL］. IEEE Trans. Fuzzy Syst. , 2020, 28（6）：1050-1061. https：//doi. org/10. 1109/TFUZZ. 2020. 2968863.

［216］ LIANG Z, LIANG W, XU X, et al. A two stage adaptive knowledge transfer evolutionary multi-tasking based on population distribution for multi/many-objective optimization［J/OL］. CoRR, 2020, abs/ 2001. 00810. http：//arxiv. org/abs/2001. 00810.

［217］ DA B, ONG Y S, FENG L, et al. Evolutionary multitasking for single-objective continuous optimization： benchmark problems, performance metric, and baseline results［J/OL］. CoRR, 2017, abs/1706. 03470. http：//arxiv. org/abs/1706. 03470.

［218］ BALI K K, GUPTA A, FENG L, et al. Linearized domain adaptation in evolutionary multitasking ［C/OL］//2017 IEEE Congress on Evolutionary Computation（CEC）. 2017：1295-1302. https：//doi. org/10. 1109/CEC. 2017. 7969454.

［219］ XUE X, ZHANG K, TAN K C, et al. Affine transformation-enhanced multifactorial optimization for heterogeneous problems［J/OL］. IEEE Transactions on Cybernetics, 2022, 52（7）：6217-6231. https：//doi. org/10. 1109/TCYB. 2020. 3036393.

［220］ ZHOU L, FENG L, GUPTA A, et al. Learnable evolutionary search across heterogeneous problems via kernelized autoencoding［J/OL］. IEEE Trans. Evol. Comput. , 2021, 25（3）：567-581. https：// doi. org/10. 1109/TEVC. 2021. 3056514.

［221］ ZHAO B, CHEN W N, WEI F F, et al. PEGA：a privacy-preserving genetic algorithm for combinatorial optimization［J/OL］. IEEE Transactions on Cybernetics, 2024, 54（6）：3638-3651. https：//doi. org/ 10. 1109/TCYB. 2023. 3346863.

［222］ MAO S, TANG Y, DONG Z, et al. A privacy preserving distributed optimization algorithm for economic dispatch over time-varying directed networks［J/OL］. IEEE Transactions on Industrial Informatics, 2021, 17（3）：1689-1701. https：//doi. org/10. 1109/TII. 2020. 2996198.

［223］ ZHAO H, YAN J, LUO X, et al. Privacy preserving solution for the asynchronous localization of underwater sensor networks［J/OL］. IEEE/CAA Journal of Automatica Sinica, 2020, 7（6）：1511-1527. https：// doi. org/10. 1109/JAS. 2020. 1003312.

［224］ LU Y, ZHU M. Privacy preserving distributed optimization using homomorphic encryption［J/OL］. Automatica, 2018, 96：314-325. https：//doi. org/10. 1016/j. automatica. 2018. 07. 005.

［225］ GRATTON C, VENKATEGOWDA N K D, ARABLOUEI R, et al. Privacy-preserved distributed learning with zeroth-order optimization［J/OL］. IEEE Transactions on Information Forensics and Security, 2022, 17：265-279. https：//doi. org/10. 1109/TIFS. 2021. 3139267.

［226］ Guo X Q, Wei F F, Zhang J, et al. A classifier-ensemble-based surrogate-assisted evolutionary algorithm for distributed data-driven optimization［J/OL］. IEEE Transactions on Evolutionary Computation, 2024：1.

https：//doi. org/10. 1109/TEVC. 2024. 3361000.

［227］ GUO X Q, CHEN W N, WEI F F, et al. Edge-cloud co-evolutionary algorithms for distributed data-driven optimization problems ［J/OL］. IEEE Transactions on Cybernetics, 2023, 53 (10)：6598-6611. https：// doi. org/10. 1109/TCYB. 2022. 3219452.

［228］ YAN Y, WANG X, LIGETI P, et al. DP-FSAEA：differential privacy for federated surrogate-assisted evolutionary algorithms ［J/OL］. IEEE Transactions on Evolutionary Computation, 2024：1-15. https：// doi. org/10. 1109/TEVC. 2024. 3391003.

［229］ ZHAO B, CHEN W N, LI X, et al. When evolutionary computation meets privacy ［J/OL］. IEEE Computational Intelligence Magazine, 2024, 19 (1)：66-74. https：//arxiv. org/abs/2304. 01205v1.

［230］ ZHAO B, LIU X, SONG A, et al. PriMPSO：a privacy-preserving multiagent particle swarm optimization algorithm ［J/OL］. IEEE Transactions on Cybernetics, 2023, 53 (11)：7136-7149. https：//doi. org/ 10. 1109/TCYB. 2022. 3224169.

# 推荐阅读

## 机器学习理论导引

作者：周志华 王魏 高尉 张利军 著 书号：978-7-111-65424-7 定价：79.00元

本书由机器学习领域著名学者周志华教授领衔的南京大学LAMDA团队四位教授合著，旨在为有志于机器学习理论学习和研究的读者提供一个入门导引，适合作为高等院校智能方向高级机器学习或机器学习理论课程的教材，也可供从事机器学习理论研究的专业人员和工程技术人员参考学习。本书梳理出机器学习理论中的七个重要概念或理论工具（即：可学习性、假设空间复杂度、泛化界、稳定性、一致性、收敛率、遗憾界），除介绍基本概念外，还给出若干分析实例，展示如何应用不同的理论工具来分析具体的机器学习技术。

## 迁移学习

作者：杨强 张宇 戴文渊 潘嘉林 著 译者：庄福振 等 书号：978-7-111-66128-3 定价：139.00元

本书是由迁移学习领域奠基人杨强教授领衔撰写的系统了解迁移学习的权威著作，内容全面覆盖了迁移学习相关技术基础和应用，不仅有助于学术界读者深入理解迁移学习，对工业界人士亦有重要参考价值。全书不仅全面概述了迁移学习原理和技术，还提供了迁移学习在计算机视觉、自然语言处理、推荐系统、生物信息学、城市计算等人工智能重要领域的应用介绍。

## 神经网络与深度学习

作者：邱锡鹏 著 ISBN：978-7-111-64968-7 定价：149.00元

本书是复旦大学计算机学院邱锡鹏教授多年深耕学术研究和教学实践的潜心力作，系统地整理了深度学习的知识体系，并由浅入深地阐述了深度学习的原理、模型和方法，使得读者能全面地掌握深度学习的相关知识，并提高以深度学习技术来解决实际问题的能力。本书是高等院校人工智能、计算机、自动化、电子和通信等相关专业深度学习课程的优秀教材。